薬学生のための基礎物理

神戸薬科大学薬学部教授 中山 尋量 編集

東京 廣川書店 発行

---------- **執筆者一覧**（五十音順） ----------

内海 美保	神戸学院大学薬学部講師
加藤 精一	兵庫医療大学共通教育センター教授
栗本 英治	名城大学薬学部准教授
齋藤 啓太	就実大学薬学部講師
中山 尋量	神戸薬科大学薬学部教授
奈良 敏文	松山大学薬学部准教授
柳田 一夫	摂南大学薬学部講師
山原 弘	神戸学院大学薬学部教授

薬学生のための基礎物理

編集 中山 尋量　　平成28年3月30日 初版発行©

発行所　株式会社　廣川書店

〒113-0033　東京都文京区本郷3丁目27番14号
電話 03(3815)3651　FAX 03(3815)3650

はじめに

「薬学部に入ったのになぜ導入教育として物理を勉強しなくてはいけないの？」と疑問を抱く人も多いかもしれません．でも考えて欲しい．薬学部を卒業して薬剤師として患者さんに薬を提供する際には，薬のプロとして薬の薬効や性質を把握するとともにその量についてもしっかりと理解し管理しておかなくては，重大な事故につながってしまう．また，患者さんに提供した薬の効き具合を調べるために体内での状態（これを薬物動態と呼ぶ）を調べることも必要になる．したがって薬の化学的性質だけではなく，物理的な側面についても理解することが不可欠になる．

薬学部では1～2年には基礎薬学，3年以降では医療薬学と呼ばれる科目を学ぶ．医療薬学は多岐の科目が含まれているが，その一つに薬の効き具合を把握する「薬物動態学」や薬の物理的性質を学ぶ「製剤学」，「薬剤学」を学ぶことになっている．これらの科目の理解には物理系の基礎の土台が必要なため，1～2年次の基礎薬学では物理系薬学の「物理化学」や「分析化学」を学ぶことになる．これらの科目の理解には，「高校化学」の理論の部分と「高校物理」の考えが不可欠である．これらのバックグラウンドがなければ，上記の科目の講義はチンプンカンプンである．

ただ，「高校物理」のすべての範囲を理解する必要はない．「力学」，「熱力学」の基礎，「波」の基礎と「電磁気」の一部の薬学で必要な物理のみを選択して学習できるようにした．また，学ぶ際にも「高校物理」の講義を思い出すと難しい運動方程式をいろいろいじって結果を出すというような計算的側面が全面的に想像して嫌悪感を持つ人も多いかもしれない．しかしながら，「物理系薬学」では，それぞれの概念をしっかりイメージとして掴むことと簡単な計算ができるレベルを求めているので，複雑な計算式をマスターする必要は全くないので心配しないでほしい．

本書「薬学生のための基礎物理」は，高校で十分に物理を学習していない学生が，薬学での分析化学，物理化学（薬学部ではこれを"物理系薬学"と呼ぶ）の学習にスムーズに入っていけるような教科書を目指した．

現在の学生は，従来型の紙面を字で埋め尽くした教科書には拒否反応を示す学生が多い．できるだけ図等を盛り込みめりはりを付けた内容とし，各章のはじめにはその内容を学ぶ目的を，節の終わりにはそこで学んだ重要なキーワードをリストアップするとともに，そのまとめを列挙した．また，講義中に先生が何気なく使う専門用語等の「ことば」でつまずく事も多い．マージンにその理解のために補足説明を加えた．本文中には重要な内容の理解のための例題を配し，節末にはCBTレベルのその節の内容を確認する問題，章末には発展的内容の問題を設けた．また，薬学との関連に興味を持てるようなコラムを本文中に設けた．この教科書を十分活用することにより，大学での基礎薬学の講義の理解が深まり，興味を持っていただければ幸いです．

平成28年2月

中 山 尋 量

目　次

序章　物理量の単位，式の表記，簡単な数学 ……………………………（奈良敏文）**1**

はじめに　1
7つのSI基本単位　1
他の物理量の単位　2
数式で表された物理の考えを読む　3
物理量の表記　3
物理定数の単位　4
「差」を表す記号 Δ と d　5
微分と積分　6
微分方程式　8
薬学によく登場する関数，その計算法とグラフ　10
スカラー量とベクトル量　12
ベクトルの和　12
数値の桁を上手に表すSI接頭語　13
有効数字，物理と数学の数値計算の違い　13
序章のキーワード　15
序章のまとめ　15

章末問題 ……………………………………………………………………………**15**

第1章　力とエネルギー ………………………………………………………**17**

1.1　力とは ……………………………………………………（栗本英治）**17**

1.1.1　力の表し方　17
1.1.2　力の合成と分解　18
1.1.3　力のつり合い　19
1.1.4　いろいろな力　19
1.1.5　作用と反作用　23
1.1.6　力のモーメント　24
1.1.7　偶　力　24

1.1.8　力のモーメントのつり合い　25
1.1 節のキーワード　25
1.1 節のまとめ　25

1.2　速度と加速度 ……………………………………………（栗本英治）**25**

1.2.1　速さと速度　26
1.2.2　合成速度　26
1.2.3　相対速度　27
1.2.4　平均の速さと瞬間の速さ　27
1.2.5　速さと移動距離　29
1.2.6　加速度　29
1.2 節のキーワード　31
1.2 節のまとめ　31

1.3　力と運動 ………………………………………………………（栗本英治）**31**

1.3.1　等速直線運動と等加速度直線運動　31
1.3.2　3つの運動の法則　32
1.3.3　運動方程式　32
1.3.4　重力による落体の運動　33
1.3.5　等速円運動　38
1.3.6　等速円運動の速度と加速度　39
1.3.7　円運動させる力（向心力）　40
1.3.8　単振動　41
1.3.9　単振動の速度と加速度　43
1.3.10　単振動させる力（中心力）　43
1.3 節のキーワード　44
1.3 節のまとめ　44

1.4　エネルギーとエネルギー保存則 ……………………（奈良敏文）**45**

1.4.1　仕　事　45
1.4.2　仕事と運動エネルギー　46
1.4.3　仕事と位置エネルギー（ポテンシャルエネルギー）　47
1.4.4　力学的エネルギー保存則　49
1.4.5　ポテンシャルエネルギー（位置エネルギー）の秘密　52

1.5　運動量と運動量保存則 …………………………………（奈良敏文）**54**

1.5.1　運動量と力積　54
1.5.2　反発係数　55

1.4 および 1.5 節のキーワード　58
1.4 および 1.5 節のまとめ　58

1.6　章末問題 ……………………………………………………………… **59**

第 2 章　熱と温度　　　　　　　　　　　　　　　（山原　弘，内海美保）*67*

2.1　熱とは …………………………………………………………………… **67**
2.1.1　温　度　68
2.1.2　比熱と熱容量　70
2.1.3　熱量の保存　72
2.1 節のキーワード　74
2.1 節のまとめ　74

2.2　仕事とエネルギー ……………………………………………………… **75**
2.2.1　仕事による熱の発生　75
2.2.2　熱から仕事への転化　76
2.2.3　気体の熱的性質　77
2.2.4　熱機関　80
2.2.5　エネルギーの変換と保存　82
2.2.6　不可逆変化　82
2.2 節のキーワード　83
2.2 節のまとめ　83

2.3　章末問題 ……………………………………………………………… **84**

第 3 章　波　　　　　　　　　　　　　　　　　　　　　　　　　　　*87*

3.1　波とは ………………………………………………………… (中山尋量) **87**
3.1 節のキーワード　91
3.1 節のまとめ　91

3.2　波の性質 ……………………………………………………… (中山尋量) **91**
3.2.1　重ね合わせの原理　91
3.2.2　波の干渉　92
3.2.3　波の反射　93
3.2.4　波の屈折　93
3.2.5　波の回折　94

3.2 節のキーワード　96
3.2 節のまとめ　96

3.3　光とは……………………………………………………（齋藤啓太）**96**
3.3.1　光の種類　97

3.4　光の性質……………………………………………………（齋藤啓太）**97**
3.4.1　光の屈折　97
3.4.2　屈折の法則　98
3.4.3　光の反射と全反射　99
3.4.4　光の分散　100
3.4.5　光の回折と干渉　100
3.4.6　回折格子　101
3.4.7　偏光　101
3.3 および 3.4 節のキーワード　102
3.3 および 3.4 節のまとめ　102

3.5　章末問題……………………………………………………**103**

第4章　荷電粒子に働く力とエネルギー……………………（加藤精一）**105**

4.1　荷電粒子が静止している場合………………………………………**105**
4.1.1　電荷とクーロンの法則　105
4.1.1 項のキーワード　109
4.1.1 項のまとめ　109
4.1.2　電場　109
4.1.2 項のキーワード　112
4.1.2 項のまとめ　112
4.1.3　電位　112
4.1.3 項のキーワード　118
4.1.3 項のまとめ　118

4.2　荷電粒子が運動している場合………………………………………**119**
4.2.1　電流　119
4.2.1 項のキーワード　120
4.2.1 項のまとめ　120
4.2.2　電気回路　120
4.2.2 項のキーワード　125

4.2.2 項のまとめ　126
4.2.3 磁　場　126
4.2.3 項のキーワード　133
4.2.3 項のまとめ　133
4.2.4 電磁誘導，電磁場の方程式　133
4.2.4 項のキーワード　136
4.2.4 項のまとめ　136

4.3 電磁波 ……………………………………………………………………………… **137**
　4.3 節のキーワード　138
　4.3 節のまとめ　138

4.4 章末問題 ………………………………………………………………………… **139**

第 5 章　電子と光　　　　　　　　　　　　　　（柳田一夫）145

5.1 電子（電子とはマイナスの電荷をもった質量の小さな粒子である）146
5.1.1 ファラデーの電気分解の法則　146
5.1.2 電子の存在と性質の実験的根拠（トムソンの実験）　147
5.1.3 電気の粒子性の実証（ミリカンの実験）　148
5.1 節のキーワード　149
5.1 節のまとめ　149

5.2 電子の粒子性と波動性 ……………………………………………………… **149**
5.2.1 現代的な原子模型を思い出そう　149
5.2.2 光のエネルギーには最小単位がある（プランクの量子仮説）　151
5.2.3 光には普通の波と違う性質がある（光電効果）　151
5.2.4 アインシュタインの光量子説（光はエネルギーの塊，光子という粒である）　152
5.2.5 水素原子からは決まった波長の光（線スペクトル）だけが観察される　153
5.2.6 ボーアモデルによる水素の線スペクトルの説明と限界　154
5.2 節のキーワード　157
5.2 節のまとめ　157

5.3 量子力学の基礎 ………………………………………………………………… **157**
5.3.1 電子は粒の他に波の性質もあわせもつ（ド・ブロイの物質波）　157
5.3.2 シュレーディンガー方程式　159
5.3.3 量子力学では電子の位置を確率で考える　160

5.3.4 不確定性原理（波の性質が現れたときの粒子のふるまい方）　160

5.3.5 シュレーディンガー方程式を用いて水素原子内の電子の波動関数を求める
　　　161

5.3.6 波動関数の形状　164

5.3 節のキーワード　167

5.3 節のまとめ　167

5.4　章末問題 ·· ***168***

索　引 ·· ***171***

序 章

物理量の単位，式の表記，簡単な数学

はじめに

「その重さはいくつ？」「15 だよ」

いつもこういうやり取りをしている二人だったら，この会話で重さ 15 キログラムなのか，15 貫なのか，15 カラットなのかわかるだろう．しかし，一般的には単位を正確に言わないと全く意味をなさない．科学の世界では，量を正確に論じるために，単位を省くことは絶対にあり得ないことがわかるだろう．

物理は話が難しい上に，よくわからない単位がいっぱいあり益々わからない，などと思っていないだろうか．でも，基本となる単位（SI 基本単位）はたった 7 つだけ．他の単位は，これら 7 つが組み合わされてつくられているのである（組立単位）．言い換えれば，物理のすべての理屈は，たった 7 つの事柄（概念）からでき上がっているのである．

7 つの SI 基本単位

物理量を表す単位は次の 7 つが基本で，**国際単位系**（SI, 仏語：Le Système International d'Unités）と呼ばれている．

　　長さや位置を表す**メートル**［m］
　　重さ（質量）を表す**キログラム**［kg］
　　時間を表す**秒**［s］
　　電流を表す**アンペア**［A］
　　温度を表す**ケルビン**［K］
　　光度を表す**カンデラ**［cd］
　　物質量を表す**モル**［mol］

これらは，互いに交換の効かない単位で，例えばメートル（m）をキログラム（kg）と秒（s）で表そうとしても，概念としての関連がないので表すことは無理である．このように，物理を考えるときの大元の概念，7 つの交換の効かない

概念の単位を，**SI 基本単位**という．

他の物理量の単位

物理ではいろいろな物理量を取り扱うが，歴史的背景から慣例的に使われている単位がある．例えば，力の単位はニュートン［N］を使うことが普通である．しかし力学の項で記されるように「力＝質量×加速度」であるから，単位に注目すればN ＝ kg m/s^2 ＝ kg m s^{-2} である．このように，慣例的に使う単位もSI 基本単位の組合せで表すことができる．1 つの単位を複数のSI 基本単位の積で表したものを，**SI 組立単位**という．中には，慣例で使う単位の組合せで表すこともある．また導出の中で単位が消え，見かけ上は単位をもたない物理量もあるが，その場合は**無次元**という単位をもつと考える．物理の単位には，その**物理量の成り立ちや理屈**が表されている．単位の付け忘れをなくすと同時に，その作りにも注意しよう．薬学でよく使われる単位を表1 に示す．

表1 薬学でよく登場する物理量と単位

物理量記号	物理量	単位記号
F, f	力 force	N（ニュートン）＝ kg m s^{-2}
m	質量 mass	kg
v	速さ，速度 velocity	m s^{-1}
t	時間 time	s
a	加速度 acceleration	m s^{-2}
L, l	長さ length	m
M, m	力のモーメント moment	N m
W, w	仕事 work	J（ジュール）＝ N m ＝ m^2 kg s^{-1}
U, K, E	エネルギー energy	J（ジュール）＝ N m ＝ m^2 kg s^{-1}
T	温度 temperature	K（ケルビン）
V	体積 volume	m^3
P, p	圧力 pressure	Pa（パスカル）＝ N m^{-2} ＝ kg m^{-1} s^{-2}
f, ν	周波数，振動数 frequency	Hz（ヘルツ）＝ s^{-1}
I, i	電流 electric current	A（アンペア）
Q, q	電気量，電荷 electric charge	C（クーロン）＝ A s
V	電位 electric potential	V（ボルト）＝ J C^{-1}
C	電気容量 capacitance	F（ファラッド）＝ C V^{-1}
R	電気抵抗 electric resistance	Ω（オーム）＝ V A^{-1}

SI 単位ではないが，薬学でよく登場する他の単位も表2 にまとめた．

表2　薬学によく登場する非SI単位

物理量	単位の名称と記号	SI基本単位との関係
長さ	Å（オングストローム）	1 Å = 10^{-10} m
体積	L（リットル）	1 L = 10^{-3} m^3
	dL（デシリットル）	1 dL = 10^{-1} L = 10^{-4} m^3
モル濃度	mol L^{-1}	1 mol L^{-1} = 10^3 mol m^{-3}
温度	℃（ドシー：摂氏温度）	273 + ℃ = K（ケルビン：絶対温度）
圧力	bar（バール）	1 bar = 10^5 Pa
	atm（アトム）	1 atm = 101,325 Pa
	mmHg = Torr（トール）	1 mmHg = 101,325/760 Pa = 133.3 Pa
エネルギー	cal（カロリー）	1 cal = 4.184 J

数式で表された物理の考えを読む

例えばニュートンが導いた力学の重要な考え「運動の第2法則」は，言葉で表せばこうなる．**「物体に力がはたらくとき，物体には力と同じ向きの加速度が生じ，その大きさは力の大きさに比例し，物体の質量に反比例する．」** 物理では，こういった考えを明確に表現するために，「考え」を数式で表す．上の例を式で表せば，

$$F = ma \quad (\text{ニュートンの運動方程式}) \tag{1}$$

たった1つの式が，物体に作用する力 F と，物体の質量 m，生じる加速度 a の関係を表す．説明に要した，ともすれば誤解を生みかねない数行の文章が，式にすると明確であることがわかるであろう．まずは，物理に登場する数式を見ることに慣れよう．そして次に，数式のマル暗記ではなく，数式で表された内容を読み解き，今度は逆に「物体に力をかけると…」などの言葉で表してみよう．そこにあるのが「物理の考え方」である．いろいろな局面で物理の理解を深めてくれるであろう．

物理量の表記

数式に登場する物理量は，アルファベットやギリシャ文字などの1文字で表す．例えば力は F，圧力は P，体積は V，重さは m などである．代表的な物理量の多くは欧米表記したときの頭文字で表されており，例えば力 F は force，圧力 P は pressure，体積 V は volume，重さ m は mass，などから来ている．

一方，これら物理量と先の単位の表記で同じ文字や記号が使われる場合がある．

しかし，物理量を表す記号はイタリック体（斜体），単位を表す記号はローマン体（立体）で表して区別する．例えば，m は物理量の重さ（質量）であり，m は長さの単位メートルである．

物理定数の単位

驚くかもしれないが，気体定数 R = 8.314 にも［J/K mol］という単位がある．これは，気体定数 R を含む式から必然的に出てくる．気体定数を含む式といえば，例えば，理想気体の状態方程式である．

$$pV = nRT \tag{2}$$

ここで，左辺の「圧力×体積」は「仕事」の意味をもつのでエネルギーの単位［J］，n はモル数［mol］，T は絶対温度［K］である．これらを状態方程式に代入してみれば，気体定数 R が単位［J/K mol］である理由がわかるであろう．物理定数の単位を知っていると，難しいと思える物理の式が見えてくる．

また，特に熱力学などで RT という積がよく出てくるが，単位に注目すれば［J/mol］，**RT は絶対温度 T[K] のときの 1 モル当たりのエネルギー**であると想像される．実は，この考察は正しい．**物理定数は単なる数字ではなく，意味がある**ことが多い．

薬学でよく登場する物理定数を表3にまとめた．

表3 物理定数とその意味

定数名	記号	意味	数値と単位
アボガドロ数	N_A	1 mol としての数，個数 N_A 個の集まりを 1 mol という	6.022×10^{23} mol^{-1}
プランク定数	h	$E = h\nu$ エネルギー E［J］と振動数 ν［s^{-1}］の比例定数．量子論で登場 $\Delta x \cdot \Delta p \geq h$，不確定性の大きさ	6.626×10^{-34} J s
気体定数	R	$pV = nRT$ RT は 1 mol のエネルギー	8.314 J K^{-1} mol^{-1}
ボルツマン定数	k_B	$N_A \times k_B = R$ k_B は 1 分子当たりの気体定数 $k_B T$ は 1 分子のエネルギー	1.380×10^{-23} J K^{-1}
ファラデー定数	F	電子 1 mol の電気量	9.649×10^4 C mol^{-1}

「差」を表す記号 $\varDelta$ と d

例えば物体の運動を扱う力学では，位置 $x\,[\mathrm{m}]$ の変化を記述する．このとき，位置 x の差を簡略化して $\varDelta x$ と表す．$\varDelta$ は「デルタ」と読み，「変化分」や「差」を表す．$\varDelta x$ は $\varDelta \times x$ というかけ算ではなく，ひとまとまりの $\varDelta x$ で「x の差」，「x の変化」という意味である．$\varDelta t$ と書けば時刻 t の間隔（時間），$\varDelta V$ と書けば体積の変化，などである．

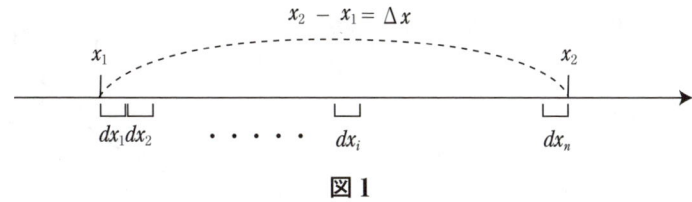

図1

一方，もっと小さな変化分を dx と表し，「ディーエックス」と読む．これも $d \times x$ というかけ算ではなく，dx で「微小な x の差」，「x の微小変化」という意味である．図1に表すように，位置 x_1 に微小変化 dx を加算すれば位置 x_2 となる．

$$x_1 + \sum_{i=1}^{n} dx_i = x_2 \tag{3}$$

dx だけを加算したものが $\varDelta x$ であり，無限に小さい幅 dx を足し合わせるなら，積分計算となる．

$$\varDelta x = x_2 - x_1 = \sum_{i=1}^{n} dx_i = \int_{x_1}^{x_2} dx \tag{4}$$

いきなり積分の登場で誤魔化されたと思うかもしれないが，逆に，最右辺の積分を計算してみれば $\varDelta x$ となることがわかるであろう．

$$\int_{x_1}^{x_2} dx = \left[x \right]_{x_1}^{x_2} = x_2 - x_1 = \varDelta x \tag{5}$$

微小量を区域にわたって加算することが積分である．差 $\varDelta x$ はどんな場合でも必ず［終わりの値］－［初めの値］で計算されるが，積分計算と関連づければその順で引く意味は明らかであろう．$\varDelta x$ がプラスの値ならば x の増加，マイナスの値なら x の減少である．

もう一度，図1を見て確認しよう．dx と $\varDelta x$ の大きさは，微小変化 dx を足し合わせると変化 $\varDelta x$ になるくらいの関係である．いろいろな物理量の変化，例えば変化 $\varDelta G$ を求めるには，その微小変化 dG を積分計算で足し合わせればよいの

である．Δ記号は，化学や生命科学に繋がる熱力学でもよく登場するので覚えておこう．

微分と積分

1 微分

右図のように，関数 $y = f(x)$ がある．x の値が a から $a + dx$ まで変化するとき，グラフ上は点Ⅰから点Ⅱに変化し，y の値は $f(a + dx) - f(a)$ 変化する．このときの平均変化率は，

$$\text{平均変化率} = \frac{f(a + dx) - f(a)}{(a + dx) - a}$$

$$= \frac{f(a + dx) - f(a)}{dx}$$

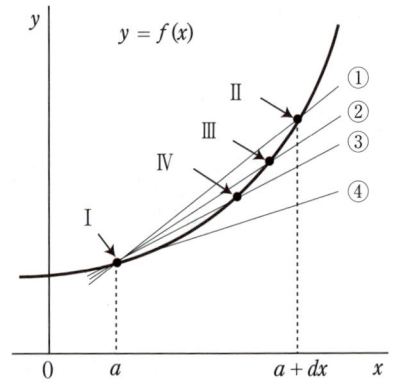

であり，「直線①の傾き」を表す．

次に，dx が非常に小さな値である場合を考えてみよう．dx を小さくするにつれ，右図では点Ⅱは点Ⅲ，Ⅳと動き，それに伴い始点Ⅰと終点を結ぶ直線も①→②→③となり，ついには点Ⅰでの接線④となる．

この接線④の傾きは，「平均変化率の $x = a$ での極限値」であり，これを関数 $y = f(x)$ の $x = a$ での「微分」，あるいは「導関数」と呼ぶ．一般に，関数 $y = f(x)$ の微分は，

$$f(x) \text{の微分} = \lim_{dx \to 0} \frac{f(x + dx) - f(x)}{dx} = \frac{d}{dx} f(x) \tag{6}$$

と表される．

さて，この微分 $\frac{d}{dx}f(x)$ は $\frac{df(x)}{dx}$ とも書き，分子の $df(x)$ を分母の dx で割った形で表される．$df(x)$ は「$f(x)$ の微小変化」であり，dx も「x の微小変化」である．したがって，$\frac{df(x)}{dx}$ は「x がほんの少し dx だけ変化したときの $f(x)$ の変化 $df(x)$ の分数比」，つまりグラフでいえば「傾き」の意味である．$f(x)$ の微分が接線の傾きを表すのであるから，微分が $\frac{d}{dx}f(x)$ や $\frac{df(x)}{dx}$ と書かれるのである．

また，接線の傾き $= \frac{df(x)}{dx}$ ならば $df(x) = $ 傾き $\times\, dx$ と書いてもよい，とわかるであろう（右図）．つまり，

$$df(x) = \frac{df(x)}{dx} \times dx \qquad (7)$$

微分記号は分数のように考えて，分母分子に同じ物があるなら，約分もしてよい．

2 積 分

図の縦軸を見ればわかるように，$f(a)$ に dx 変化したときの縦方向の変化 $df(x) = \frac{df(x)}{dx} \times dx_1$ を加え，同様に dx_2, dx_3 の計3回の変化を縦方向に足せば $f(b)$ になる．

これを式で書けば，

$$f(a) + \frac{df(x)}{dx_1} dx_1 + \frac{df(x_2)}{x_2} dx_2 + \frac{df(x)}{dx} dx_3 = f(b)$$

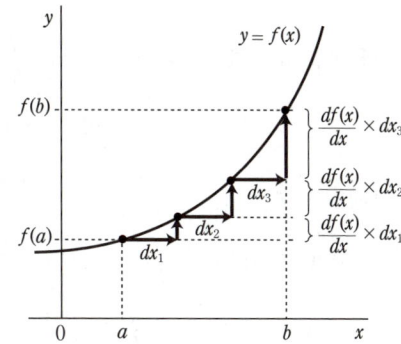

変化の項をΣ記号でまとめれば，

$$f(a) + \sum_{i=1}^{3} \frac{df(x)}{dx} dx_i = f(b) \qquad (8)$$

dx_1 等の変化が無限に小さい場合，これらを足す操作が積分であり，

$$f(a) + \int_a^b \frac{df(x)}{dx} dx = f(b) \qquad (9)$$

つまり，

$$\int_a^b \frac{df(x)}{dx} dx = f(b) - f(a) = \Big[f(x)\Big]_a^b \quad \text{(定積分)} \qquad (10)$$

積分区間を決めなければ，一般に，

$$\int \frac{df(x)}{dx} dx = f(x) \qquad \text{(不定積分)} \qquad (11)$$

また $\frac{df(x)}{dx} dx = df(x)$ であるから，(11)式は形式上 $\int df(x) = f(x)$ と表される．

「微小変化 $df(x)$ を足せば $f(x)$」，当たり前のことであろう．

微分と積分を整理しよう．

> $f(x)$ を x で<u>微分</u>すると $\frac{df(x)}{dx}$, $\frac{df(x)}{dx}$ を x で<u>積分</u>すると $f(x)$ になる．

つまり，**微分と積分は逆の操作（演算）**である．

3 微分の計算

$$\frac{d}{dx}(x^m) = mx^{m-1} \tag{12}$$

$$\frac{d}{dx}(\ln x) = \frac{1}{x} \tag{13}$$

$$\frac{d}{dx}(e^x) = e^x \tag{14}$$

(積の微分) 微分記号を，簡単に $\frac{d}{dx}f(x) = f(x)'$ と書いて

$$\{f(x)g(x)\}' = f(x)'g(x) + f(x)g(x)' \tag{15}$$

(商の微分) $\left\{\dfrac{g(x)}{f(x)}\right\}' = \dfrac{g(x)'f(x) - g(x)f(x)'}{\{f(x)\}^2} \tag{16}$

(合成関数の微分) $\dfrac{d}{dx}f(g(x)) = \dfrac{dg(x)}{dx}\dfrac{df(g(x))}{dg(x)} = \dfrac{dg(x)}{dx}\dfrac{df(X)}{dX} \tag{17}$

例えば，$\dfrac{d}{dx}(e^{kx}) = \dfrac{d(kx)}{dx}\dfrac{de^{kx}}{d(kx)} = \dfrac{d(kx)}{dx}\dfrac{de^X}{dX} = ke^X = ke^{kx}$ である．

4 積分の計算

$$\int x^m\, dx = \frac{1}{m+1}x^{m+1} + C \qquad (m \neq -1 \text{ のとき}) \tag{18}$$

$$= \int x^{-1}\, dx = \int \frac{1}{x}\, dx = \ln x + C \quad (m = -1 \text{ のとき}) \tag{19}$$

$$\int e^{kx}\, dx = \frac{1}{k}e^{kx} + C \tag{20}$$

微分方程式

微分を含む式を**微分方程式**という．変化を記述する方程式である．薬学で登場する微分方程式は，**「変数分離」して積分する**と解ける．

微分方程式の右辺が

$\dfrac{dA}{dt} = k \times A^n$ （k は定数）

であるとき，一般に n 次の微分方程式という．
① 式は **0 次の微分方程式**である．次数によって解の形が変わることに注目しよう．

（例 1）　　　$\dfrac{dA}{dt} = 3$ 　　　　　　　　　①

　　　　ただし $A(0) = 2$ 　　　　　　　　②

　　　を満たす時間 t の関数 $A = A(t)$ を求めよ．

① 式を関数 $A = A(t)$ の**微分方程式**という．A を t で微分すると 3 であることを表す．A を求めるには ① 式を t で積分すればよいが，左辺に A と t の 2 つの文字（変数）があるのが厄介である．そこで，A と t を等号の両辺に分ける．

　　　　$dA = 3dt$ 　　　　　　　　　　　　　　　　③

式 (7) に述べたように，微分記号を分数のように扱った．こうして A と t，2 つの変数を等号の両辺に分けることを，**変数分離**という．こうすれば，両辺を積

分できる．
③式の両辺にインテグラル $\int$ をつけて，積分する．

$$\int dA = \int 3dt$$

$$A = 3t + C \quad \text{(ただし } C \text{ は積分定数)} \qquad ④$$

これが①の解となる．ただし，任意の値である積分定数 C を含み，まだ完全な解ではない．そこで条件②を使う．

②式は $t = 0$ の時の値が $A = 2$ であることを示し，**初期条件**と呼ばれる．④式にこれを代入すると，

$$2 = 3 \times 0 + C \quad \text{より，} C = 2$$

つまり，時間 t の関数 $A = A(t)$ は，$A = 3t + 2$ と求まる．t の一次関数である．これが①と②式を満たすことを確認してみよう．

(例 2) $\qquad \dfrac{dA}{dt} = 3A \qquad\qquad\qquad\qquad ⑤$

$\qquad\qquad$ ただし，$A(0) = 2 \qquad\qquad\qquad\qquad ⑥$

$\qquad$ を満たす t の関数 $A = A(t)$ を求めよ．

ここでも⑤式*を**変数分離**し，A を左辺に，t を右辺にまとめよう．

$$\frac{dA}{A} = 3dt$$

例1と同じように，両辺にインテグラル $\int$ をつけて，積分する．

$$\int \frac{dA}{A} = \int 3dt$$

$\ln A = 3t + C$ （ただし，C は積分定数）

初期条件⑥を代入すれば，$\ln 2 = 3 \times 0 + C$，つまり $C = \ln 2$ である．
求める関数 $A = A(t)$ は，

$$\ln A = 3t + \ln 2$$

A について解くために，$\ln 2$ を左辺に移項して対数をまとめると，

$$\ln \frac{A}{2} = 3t, \quad \text{したがって} \quad \frac{A}{2} = e^{3t}$$

これより，時間 t の関数 $A = A(t)$ は $A = 2e^{3t}$ と求まる．t の指数関数である．これが，⑤，⑥式を満たすことを確認しよう．

---

*⑤式は**1次の微分方程式**．

> （例3）　　　$\dfrac{dA}{dt} = 3A^2$　　　　　　⑦
>
> 　　　　　ただし $A(0) = 2$　　　　　　　　⑧
>
> を満たす時間 t の関数 $A = A(t)$ を求めよ．

⑦式*を**変数分離**し，A を左辺に，t を右辺にまとめよう．

$$\dfrac{dA}{A^2} = 3dt$$

例1と同じように，両辺にインテグラル$\int$をつけて，積分する．

$$\int \dfrac{dA}{A^2} = \int 3dt$$

$$-\dfrac{1}{A} = 3t + C \quad (ただし，C は積分定数)$$

初期条件 ⑧ を代入すれば，$-\dfrac{1}{2} = 3 \times 0 + C$，つまり $C = -\dfrac{1}{2}$ である．

求める関数 $A = A(t)$ は，

$$\dfrac{1}{A} = -3t + \dfrac{1}{2}, \quad また変形して\ A = \dfrac{-2}{6t - 1},$$

t に反比例の関数である．

薬学によく登場する関数，その計算法とグラフ

　微分方程式にも見られたように，指数・対数などの関数計算が薬学では不可欠である．計算法を確認すると同時に，そのグラフも理解しよう．

指数関数　　$y = a^x$　　　　　　　　　(21)

$a^{x_1} \times a^{x_2} = a^{x_1 + x_2}$　　　　　(22)

$\dfrac{a^{x_1}}{a^{x_2}} = a^{x_1 - x_2}$　　　　　　(23)

$(a^{x_1})^{x_2} = a^{x_1 \times x_2}$　　　　　　(24)

$a^{\frac{1}{n}} = \sqrt[n]{a}$　　　　　　　　(25)

$a^0 = 1$　　　　　　　　　(26)

e^x は，特に $\exp(x)$ と表記することがあり，「エクスポーネンシャルエックス」と読む．$\exp(x) = e^x$

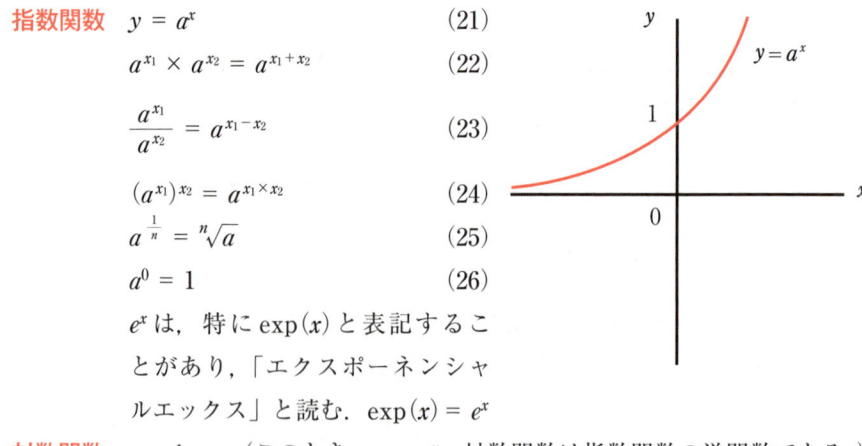

対数関数　　$y = \log_a x$（このとき，$x = a^y$，対数関数は指数関数の逆関数である．）

---

*⑦式は **2次の微分方程式**．

$$\log_a(x_1 \times x_2) = \log_a x_1 + \log_a x_2 \quad (27)$$

$$\log_a \frac{x_1}{x_2} = \log_a x_1 - \log_a x_2 \quad (28)$$

$$\log_a x^b = b \cdot \log_a x \quad (29)$$

$$\log_a x = \frac{\log_b x}{\log_b a} \quad \text{(底の変換)} \quad (30)$$

$$\log_a 1 = 0 \quad (31)$$

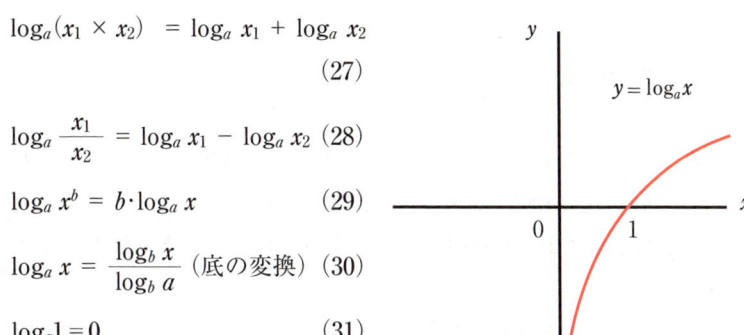

底が 10 の対数 $\log_{10} x$ は **常用対数** という.

底が e の対数 $\log_e x$ は **自然対数** といい, $\ln x$ で表記する.

$$\ln x = \log_e x$$

三角関数 直角三角形における辺の分数比を, sin や cos の関数で表す.

$$\sin \theta = \frac{b}{c} \quad (32)$$

$$\cos \theta = \frac{a}{c} \quad (33)$$

なお, 直角三角形では, **三平方の定理（ピタゴラスの定理）**

$$c^2 = a^2 + b^2 \quad (34)$$

が成り立つ.

一般に, 直角三角形の斜辺の長さが L であるとき（右図），

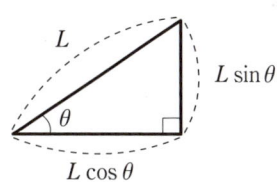

$$\text{高さ} = L \sin \theta, \quad \text{底辺} = L \cos \theta$$

と表せ, x, y 成分を求めるときによく用いられる.

三角関数のグラフは波形であり, 波の記述や光の理解に不可欠である.

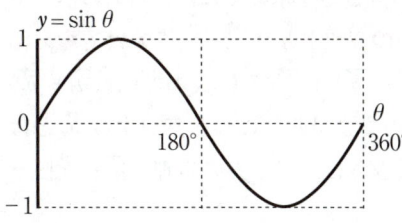
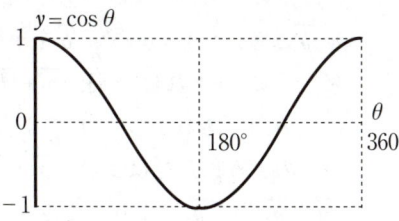
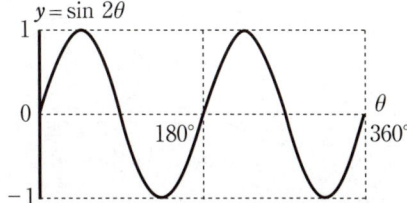
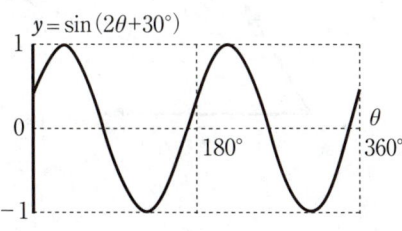

度数法，弧度法

円の一周を 360° で表す角度を度数法, 円の一周を 2π ラジアンで表す角度を弧度法という.

$$360° = 2\pi \text{ rad}$$

スカラー量とベクトル量

物理でいうベクトルは，数学のベクトルと同義であり，「方向と大きさをもつ量」である．力や速度，加速度，運動量などはベクトル量であり，向きも考えなければならない．2つの力の合力を考える際は，ベクトル和の計算となることに注意しよう．

一方，単に「大きさを表す数値」をスカラー量という．質量や体積，エネルギーなどはスカラー量である．

ベクトルの和

(1) 同じ方向のベクトル $\vec{a}$ と $\vec{b}$ (①) は，そのまま足せばよい (②)．$\vec{a}+\vec{b}$ の大きさは $|\vec{a}+\vec{b}|=|\vec{a}|+|\vec{b}|$，ベクトル $\vec{a}$ と $\vec{b}$ の大きさの和となる (②)．

(2) 直交する2つのベクトル $\vec{a}$ と $\vec{b}$ を足すと，$\vec{a}$ と $\vec{b}$ を2辺とする**長方形の対角線**となる．$\vec{a}+\vec{b}$ の大きさは，三平方の定理 $|\vec{a}+\vec{b}|^2=|\vec{a}|^2+|\vec{b}|^2$ より求まる．

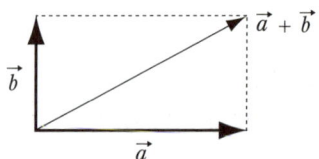

(3) 斜めに交差する2つのベクトル $\vec{a}$ と $\vec{b}$ を足すと，$\vec{a}$ と $\vec{b}$ を2辺とする**平行四辺形の対角線**となる (①)．$\vec{a}+\vec{b}$ の大きさを求めるには，斜めのベクトル $\vec{b}$ は考えづらいので，$\vec{b}$ を**縦横2つのベクトル $\vec{b}_x$ と $\vec{b}_y$ に分けて考える** (②)．こうすれば結局，$\vec{a}+\vec{b}=(\vec{a}+\vec{b}_x)+\vec{b}_y$ である (③)．$(\vec{a}+\vec{b}_x)$ は同方向であるから (1) のようにそのまま足し，これと直交する $\vec{b}_y$ とは (2) のように足せばよい．$\vec{a}+\vec{b}$ の大きさは，三平方の定理 $|\vec{a}+\vec{b}|^2=|\vec{a}+\vec{b}_x|^2+|\vec{b}_y|^2$ より求まる．

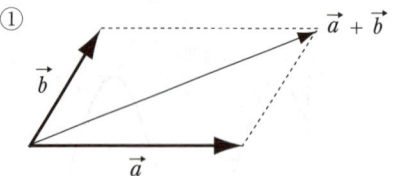

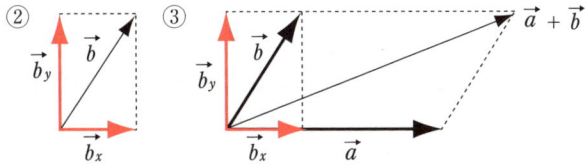

数値の桁を上手に表す SI 接頭語

物理量は，例えば1 mol の分子数（アボガドロ数 6.022×10^{23} 個）といった非常に大きな値から，陽子1個の質量（1.672×10^{-27} kg）といった非常に小さな値まである．ゼロを何個も並べて表してもわかりづらいので，10 の**べき乗数**を使って表したり，10^3 毎に **SI 接頭語**を使って表すことが一般的である．SI 接頭語は日常生活でも使われており，$1000 = 10^3$ を表す k（キロ）や，$1/1000 = 10^{-3}$ を表す m（ミリ）は，代表的な SI 接頭語である．おもな SI 接頭語を表4にまとめた．

表4　代表的な SI 接頭語

記号	読み方	10 のべき乗表現，その例(注1)
p	ピコ	10^{-12} (100 pm = 100×10^{-12} m = 1×10^{-10} m)
n	ナノ	10^{-9} (200 nm = 200×10^{-9} m = 2×10^{-7} m)
μ	マイクロ	10^{-6} (50 μL = 50×10^{-6} L = 5×10^{-5} L)
m	ミリ	10^{-3} (1.5 mL = 1.5×10^{-3} L)
k	キロ	10^3 (30 kJ = 30×10^3 J = 3×10^4 J)
M	メガ	10^6 (800 MHz = 800×10^6 Hz = 8×10^8 Hz)
G	ギガ	10^9 (40 GHz = 40×10^9 Hz = 4×10^{10} Hz)

(注1) 数学的に最も簡潔なべき乗で表した．有効数字を考慮するときはこの限りではない．

有効数字，物理と数学の数値計算の違い

数値計算するとき，使う数字に誤差が含まれることを考慮して計算しなければならない．実験から求まる数値は，**最小目盛の 1/10 まで読む決まり**なので，その桁には誤差が含まれる．例えば，測定値 8.15 mL と書かれた数字は，この中の最も小さい桁，小数第2位の「5」が最小目盛の 1/10 まで読んだ数字であり，ここに誤差を含む．したがって，8.14 mL かも知れないし，8.16 mL かも知れない．この場合，桁が大きい方から「8」，小数第1位の「1」は誤差のない正確な数字であり，また小数第2位の「5」は誤差を含む数字だが，誤差を含むと知った上で使えばそこそこ信頼できるのでここまで表すのである．このとき，桁が大きい方から3つの数字「815」が意味のある数字であり，**有効数字**と呼ばれる．測定

値 8.15 は，有効数字 3 桁である．

例 1　8.1500 mL は，小数第 4 位の「*0*」が誤差を含む．有効数字 5 桁．

例 2　2.0 × 10³ と書けば，2.0 の小数第 1 位の「*0*」に誤差がある，有効数字 2 桁．値は同じだが 2000 と書けば，一の位の「*0*」に誤差がある，有効数字 4 桁．

1　和と差の有効数字

例えば，メスシリンダーを使って体積を測るとき，8.15 mL と測れたなら，小数第 2 位の「*5*」には誤差が含まれる（誤差を含む数字をイタリック体で表した）．少し大きな別の体積が 12.7 mL と測れたなら，小数第 1 位の「*7*」に誤差が含まれる．これら 2 つを足し合わせて合計体積を計算するとき，数学ならば

$$8.15 \text{ mL} + 12.7 \text{ mL} = 20.85 \text{ mL}$$

でよいであろう．しかし，実験科学では誤差を考慮した計算を行う．

$$8.15 \text{ mL} + 12.7 \text{ mL} = 20.85 \text{ mL} \longrightarrow 20.9 \text{ mL}$$

計算結果の小数第 1 位「*8*」と小数第 2 位「*5*」の両方に誤差を含むが，大きい桁に誤差があるのにそれより小さい桁の誤差を書き表す意味はない．そこで，**大きい誤差を含む桁の下の桁**（この場合，小数第 2 位）は**四捨五入**して，小数第 1 位まで記す．計算結果 20.9 mL は，有効数字 3 桁である．

```
      8.15 mL
  +  12.7  mL
    20.85 mL    ➡    20.9 mL
```
小数点 2 位を四捨五入

> **和と差**の計算では，**誤差を含む最も大きな桁まで書き表す**．

2　積と商の有効数字

掛け算や割り算の時も，計算結果は誤差を含む最も大きな桁まで書くことに変わりはない．しかし，計算結果の有効数字を考えるときに，一定のルールがある．例えば，8.15 × 2.3，（有効数字 3 桁）×（有効数字 2 桁）を考えよう．

```
       8.15
    ×  2.3
      2445      誤差を含む「3」を掛けるから，すべてに誤差を含む
     1630       正確な「2」と誤差を含む「5」を掛けると誤差を含む
    18.745   ➡   19
```
誤差を含む最も大きな桁の下の桁を四捨五入

計算結果の 1 の位「*8*」に誤差を含むので，その下の桁（小数第 1 位）を四捨五入し，結果は，8.15 × 2.3 = 19，有効数字 2 桁で表される．積と商の計算では，例えば，（有効数字 m 桁）×（有効数字 n 桁）で $m > n$ ならば，計算結果の有

効数字は n 桁, 小さい方の有効桁数になる.

> 積と商の計算では, 有効桁数が小さい方の桁数で表される.

序章のキーワード

☐ SI 基本単位　　☐ 組立単位　　☐ SI 接頭語　　☐ 有効数字
☐ ベクトル　　☐ スカラー

序章のまとめ

① SI 基本単位を説明でき, 組立単位を説明できる.
② 有効数字の概念を説明できる.
③ スカラー量とベクトル量を説明でき, 正しく計算することができる.

◆確認問題

次の問題の正誤について答えよ.
1) SI 基本単位は, m（メートル）, g（グラム）, s（秒）, A（アンペア）, K（ケルビン）, cd（カンデラ）, mol（モル）の 7 つである.
2) 圧力の単位 Pa は, 組立単位で表すと N/m である.
3) 2.50×10^5 の有効数字は 6 桁である.
4) 1 mm を μm で表すと, 10^{-3} μm である.

◆解答と解説

1) 誤　重さは kg
2) 誤　N/m^2
3) 誤　3 桁
4) 誤　1 mm $= 10^3$ μm

章末問題

問 1　次の単位を, SI 基本単位による組立単位で表せ.
 1) N（ニュートン）
 2) J（ジュール）
 3) L（リットル）

問 2　電気回路におけるオームの法則, 数式 $V = RI$ の意味を言葉で説明してみよ.

◆解答と解説

問1

1) N＝質量×加速度＝kg m/s² ＝ kg m s^{-2}
2) J＝仕事＝力×移動距離＝N m ＝ kg m² s^{-2}
3) 体積 1 L は一辺が 10 cm の立方体の体積だから，L ＝ (0.1 m)³ ＝ 1 × 10^{-3} m³

問2

「導体に電圧（電位差）V をかけると電流が流れ，電流 I は電圧 V に比例する．この比例定数が抵抗 R であり，同じ電圧なら抵抗 R が大きいほど電流 I は小さく，R と I は反比例する．」

あるいは，次のようにも表現できる．

「導体に電流 I が流れるとき，その導体の抵抗が R ならば，導体の両端には電圧（電位差）V が生じ，電圧 V は電流と抵抗の積 RI で表される．」

第 1 章

力とエネルギー

1.1 力とは

　薬学では，薬の溶解などの物理的変化や薬の分解などの化学的変化のしくみを知っていることが必要である．変化がどのような方向へ向かうかは，エネルギーにより決められる．例えば，水は高いところから低いところへ流れるが，これは，水のもつ位置エネルギーが低下する方向である．

　物体に力を加えて移動させることを仕事と呼び，仕事はエネルギーの1つとして考えられる．ここでは，仕事について理解するために，力とは何かについて説明する．

1.1.1 力の表し方

　物体に加わる力は，力の大きさとその向き，そして力を加えた物体上の点で表される．このように力はベクトルであり，力が加わっている点を作用点と呼び，ベクトルの始点とする．また，ベクトルの向きと一致する直線を作用線と呼ぶ．作用線上であれば，作用点をどこに移動させても，物体に対する力の作用は変化せず同じである．力の単位には，ニュートン [N] が用いられる．

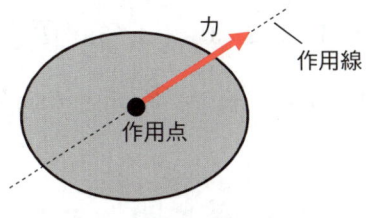

図 1.1　物体に働く力

1.1.2 力の合成と分解

2つの力が物体に働いているとき，それらと同じ作用をする1つの力を求めることを力の合成と呼ぶ．図1.2のように，2つの力の作用線が交わっていれば，作用線の交点の位置に作用点を移動させ，ベクトルの合成として$\vec{F_1}$と$\vec{F_2}$の**合力** $\vec{F} = \vec{F_1} + \vec{F_2}$ を求めることができる．

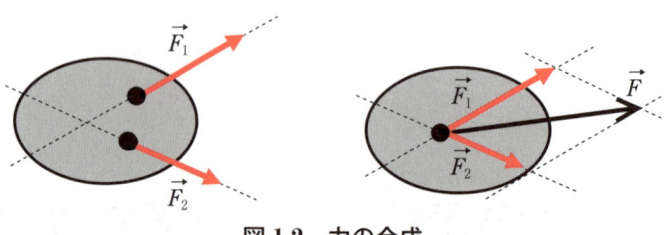

図 1.2 力の合成

力の合成とは逆に，図1.3に示したように，1つの力を2つの力に分解することもできる．

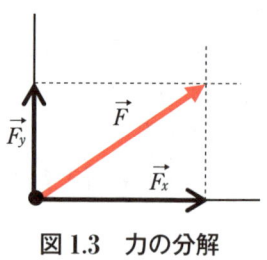

図 1.3 力の分解

◆確認問題

問1 2つの力 $\vec{F_1} = (1, 2)$ と $\vec{F_2} = (-2, 3)$ の合力 $\vec{F}$ とその大きさを求めよ．

問2 x-y 平面において，大きさ 2 N で x 軸となす角が 30° の力 $\vec{F}$ [N] を成分で表せ．ただし，作用点を原点とする．

◆解答

問1 $\vec{F} = \vec{F_1} + \vec{F_2} = (1-2,\ 2+3) = (-1,\ 5)$, $|\vec{F}| = \sqrt{(-1)^2 + 5^2} = \sqrt{26}$

問2 $F_x = F\cos 30° = 2 \times \dfrac{\sqrt{3}}{2} = \sqrt{3}$, $F_y = F\sin 30° = 2 \times \dfrac{1}{2} = 1$ より $\vec{F} = (\sqrt{3},\ 1)$

1.1.3　力のつり合い

静止している物体に力が働くと，物体は動き出す（図1.4A）．一方，図1.4Bのように向きが反対で大きさが等しい2つの力が働く場合，物体は静止したままとなる．また，図1.4Cに示したような3つの力が働く場合も物体は静止した状態を保つ．このように，図1.4Bでは2つの力，図1.4Cでは3つの力を合わせた合力が0となっていて，これを**力のつり合い**という．力がつり合っている場合，物体に力が働かないことと同じとみなすことができる．

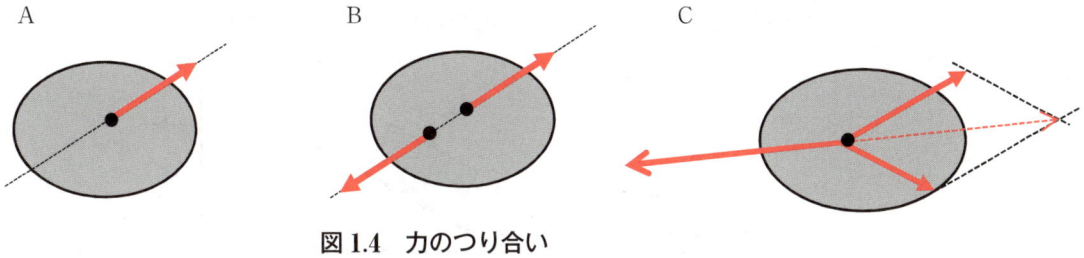

図1.4　力のつり合い

1.1.4　いろいろな力

1　重　力

地球上のすべての物体は，地球の中心に向かって引かれている．この力を**重力**と呼び，重力の大きさを重さという．重力の大きさは質量に比例し，比例定数を重力加速度 $g\,[\text{m/s}^2]$ とする．すなわち，質量 $m\,[\text{kg}]$ の物体に働く重力は $mg\,[\text{N}]$ で表される．重力加速度は，地球上ではどこでも $9.8\,\text{m/s}^2$ でほぼ一定であるが，例えば月面上での重力加速度は地球上の約 1/6 になるため，同じ質量の物体に働く重力の大きさ（重さ）も 1/6 になる．

> 重さと質量は区別して扱う．

2　張　力

物体にひもをつけてつり上げたり，引いたりするとき，ひもが物体を引く力を**張力**という．通常ひもの質量は無視し，ひもは緩むことなくあらゆる部分に力が均等に働くと考える．

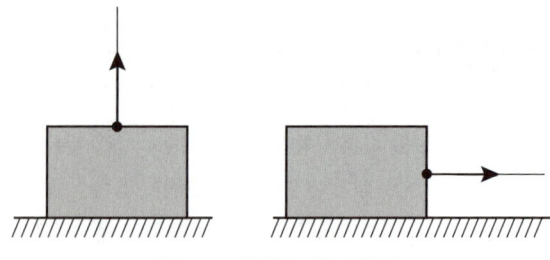

図 1.5　物体に働く張力

3　垂直抗力

物体が水平面や斜面，壁から垂直に受ける力を**垂直抗力**という．

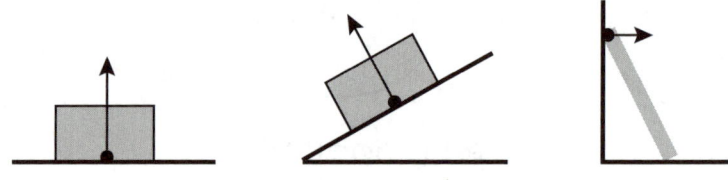

図 1.6　さまざまな面からの垂直抗力

4　摩擦力

　床に置かれた物体を押したり引いたりしても，物体が重い場合や力が小さい場合は動かない．これは，床と物体の間に働く**摩擦力**が物体に加えた力とつり合っているからである．物体に加える力を大きくしていくと摩擦力も大きくなるが，ある一定の大きさを超えると物体が動き出す．この時の力を最大静止摩擦力 $f_{\max}$ といい，

$$f_{\max} = \mu N \tag{1.1}$$

と表される．ここで，N は物体が床から受ける垂直抗力であり，μ を**最大静止摩擦係数**という．$f_{\max}$ 以上の力が働くと物体は動き出すが，物体が運動しているときも床から摩擦力を受ける．この力を動摩擦力 f' といい，

$$f' = \mu' N \tag{1.2}$$

と表される．μ' を**動摩擦係数**という．一般に，動摩擦係数は静止摩擦係数よりも小さい．また，摩擦が働かない面をなめらかな面，摩擦が働く面をあらい面と呼んで区別する．

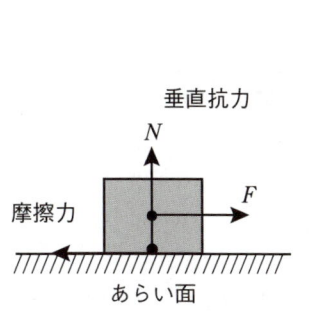 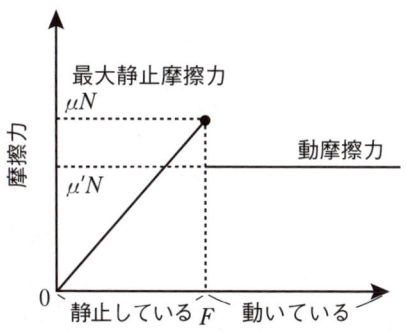

図 1.7　物体に働く摩擦力

5　弾性力

バネに力を加えて伸ばしたり縮めたりすると，それを元に戻そうとする**弾性力**がバネの両端に働く．力を加えていないときのバネの長さを自然長と呼び，力を加えたときの自然長からのバネの伸びあるいは縮みを x[m] とすると，弾性力 F の大きさは x に比例し，

$$F = kx \tag{1.3}$$

と表される．これを**フックの法則**といい，比例定数 k[N/m] をバネ定数という．

弾性力はバネが伸び縮みする方向と反対向きに働くので，ベクトルとして考える場合，フックの法則は $F = -kx$ と表される．

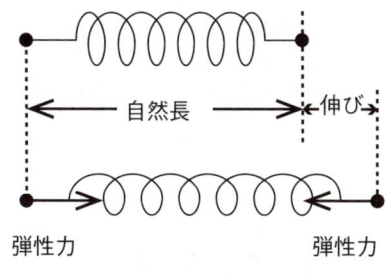

図 1.8　バネの弾性力

◆**確認問題**

バネ定数が 50 N/m のバネを 4.0 N の力で引いたときのバネの伸びを求めよ．

◆**解答**

バネの伸びを x[m] とすると，フックの法則より $4.0 = 50 \times x$．
これより，$x = 0.080$ m $= 8.0$ cm

6　圧　力

画びょうはあまり力を加えなくても壁などに刺すことができる．これは，画びょうに加えられた力が先端で小さな面積に集中して壁に高い圧力が加わるためで

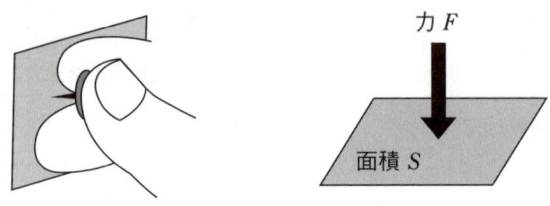

図 1.9 圧 力

ある．**圧力** P は単位面積当たりの力の大きさであり，力を $F[\mathrm{N}]$，力が加わっている部分の面積を $S[\mathrm{m}^2]$ とすると，

$$P = \frac{F}{S} \tag{1.4}$$

と表される．圧力の単位は $[\mathrm{N/m}^2]$ であるが，これを Pa（パスカル）と表す．

> **コラム** 浮 力
>
> 水の中で物体が受ける圧力を水圧といい，水中では大気圧に加えて，物体の上に乗っている水の重さ分の圧力がかかる．断面積 $S[\mathrm{m}^2]$，高さ $H[\mathrm{m}]$ の物体が水深 $x[\mathrm{m}]$ の位置に沈んでいる場合を考えよう．物体上部の水の質量は水の密度を $\rho[\mathrm{kg/m}^3]$ とすると $\rho Sx[\mathrm{kg}]$ なので，重さは $\rho Sxg[\mathrm{N}]$ となる．これが面積 $S[\mathrm{m}^2]$ の部分に働くため，大気圧 P_0 の他に，$\rho Sxg/S = \rho xg[\mathrm{N/m}^2]$ の圧力がかかる．水圧は同じ水深の位置ではどこでも等しくなるため，物体の左右から働く圧力はつり合う．一方，水深が $x + H[\mathrm{m}]$ では，下面側から $\rho(x + H)g[\mathrm{N/m}^2]$ の圧力が働く．この下面と上面に働く水圧の差が，上方に浮力として働く．したがって，浮力の大きさは $\rho S(x + H)g - \rho Sxg = \rho SHg[\mathrm{N}]$ となり，これは，物体で排除された水にかかる重力と等しい．
>
>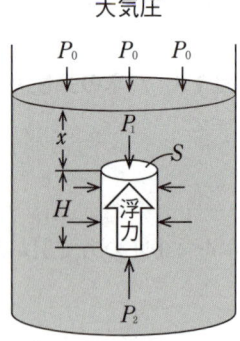
>
> 図 1.10 浮 力

1.1.5 作用と反作用

水平面の上でスケートボードに乗って壁を押すと，壁から力を受けて体が動く．このように，加えた力（作用）に対して，それと同じ大きさで反対向きの力（反作用）が働くことを，**作用反作用の法則**という．作用があると必ず反作用があるが，作用点はそれぞれ別の物体の中にあることに注意する．

図 1.11 作用と反作用

◆確認問題

図のように物体が床に置かれているとき，つり合いの関係，作用と反作用の関係にある力はどれか．

◆解答

つり合いの関係：$\vec{F_1}$ と $\vec{F_2}$（作用点は物体内にある）
作用と反作用の関係：$\vec{F_2}$ と $\vec{F_3}$
F_1 は物体に働く重力，F_2 はそれを支える床からの垂直抗力でこれがつり合っている．このとき F_2 と重力によって床が物体から押される力 F_3 との間に作用反作用の関係がある．

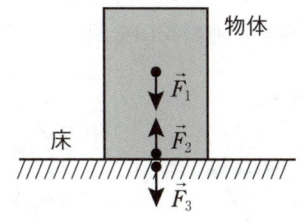

1.1.6 力のモーメント

　一般に特に指定がない場合，物体は質量はあるが大きさのない点と考える．これを質点という．一方，物体が大きさをもつと考える場合，加えた力は物体を回転させようと働くこともある．この作用を**力のモーメント**といい，回転の軸から力の作用点までの長さ（腕の長さという）と，それに垂直に働く力の大きさの積で表される．したがって，同じ大きさの力でも腕の長さを大きくとることにより，小さな力で重いものをもち上げることができる（てこの原理）．

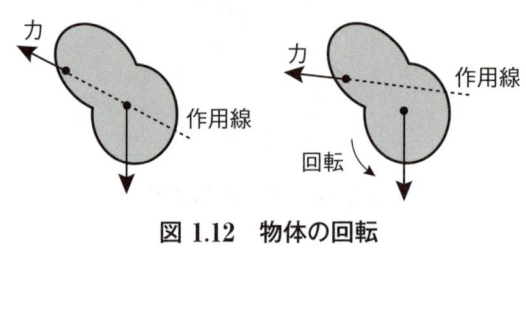

図 1.12　物体の回転

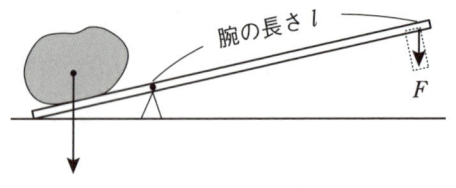

図 1.13　てこの原理

1.1.7 偶 力

　向きが反対で大きさが同じ2つの力が同じ作用線上で働いた場合，2つの力はつり合うが，作用線が平行の場合，物体を回転させるように働く．このような力を**偶力**といい，車のハンドルや水道の蛇口を回すときに有効に働く．

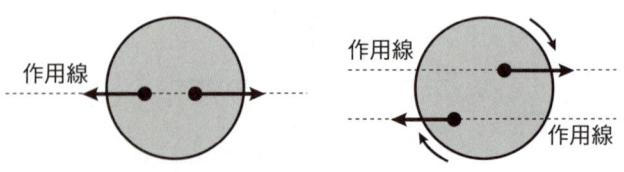

図 1.14　偶 力

1.1.8 力のモーメントのつり合い

質点に複数の力が働く場合，質点が静止しているためにはそれらの力がつり合っている必要があった．一方，物体に大きさがある場合，回転せずに静止するためには合力が0であるだけではなく，力のモーメントもつり合っている必要がある．

大きさがあり変形しない物体を剛体という．

> **例題1** 右図のように，一様な質量 2.0 kg の棒の中点 O に軽いひもをつけて，点 O から距離 2.0 m の点 A に質量 3.0 kg のおもりを，点 O から距離 1.0 m の点 B に質量 M[kg] のおもりをつけてつり下げたところ，棒は水平に保たれた．点 B につけたおもりの質量を求めよ．また，ひもの張力 T[N] はいくらか．ただし，重力加速度を g[m/s^2] とする．

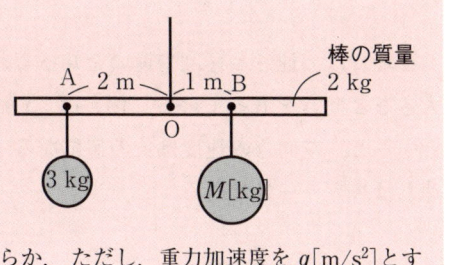

◆解答と解説

点 O を軸とした力のモーメントのつり合いより，
 反時計まわり $2 \times 3g = 1 \times Mg$ 時計回り
よって，$M = 6$ kg なる．
また，力のつり合いより $T = 3g + 2g + 6g = 11g$ N．

1.1 節のキーワード

□力の表し方　　□作用と反作用　　□力のつり合い　　□力のモーメント

1.1 節のまとめ

① 物体に働くいろいろな力について理解し，力の合成と分解について説明できる．
② 力のつり合いや力のモーメントのつり合いについて説明できる．

1.2 速度と加速度

物体に力が加わることにより，物体が運動を始めたり運動の様子が変化したり

する．このような物体の運動を扱うためには，位置と位置の時間変化率である速度，また速度の時間変化率である加速度についての知識が必要である．

1.2.1 速さと速度

速さ v[m/s] は，移動した距離 Δx[m] を移動にかかった時間 Δt[s] で割ることにより求められる．

$$v = \frac{\Delta x}{\Delta t} \tag{1.5}$$

物理では，速さと速度の違いを知っておく必要がある．速度はベクトルであり，大きさと向きをもっている．例えば，x 軸上の運動では，右向きの速度を正の値とすると，左向きの速度は負の値になる．速度の大きさ（絶対値）が速さであり，速さはスカラー量である．

1.2.2 合成速度

図 1.15(a) のように動く歩道の上を人が歩く場合，歩道が進む速さを V[m/s]，人が歩く速さを v[m/s] とすると，歩道の脇で静止している観測者からは，人は $V + v$[m/s] で移動するように見える．歩道の動きと反対向きに歩く場合，$V - v$[m/s] の速さに見える．このように，2 つの速度が組み合わされた速度を合成速度と呼ぶ．図 1.15(b) のように歩道に対して直角に人が移動する場合も，合成速度はそれぞれの速度のベクトルの和として考えることができる．

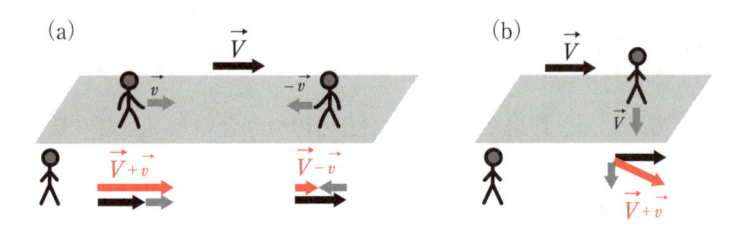

図 1.15 合成速度

◆確認問題

図 1.15(b) において，動く歩道の速さが 2.0 m/s であり，人が歩く速さが 1.0 m/s であるとき，人が移動する合成速度の大きさを求めよ．

◆解答

合成速度の大きさを v とすると，$v = \sqrt{2.0^2 + 1.0^2} = \sqrt{5.0}$ m/s

1.2.3 相対速度

図 1.16 のように，100 km/h で走る列車を 300 km/h で走る新幹線が追い抜く場合，列車から見ると新幹線は 200 km/h の速さで進むように見え，一方，新幹線から見ると列車は 200 km/h の速さで後方に進むように見える．このように，移動している観測者を基準としたときの相手の速度を**相対速度**という．相対速度は相手の速度から自分（観測者）の速度を引いたものであり，

$$\vec{v}_{12} = \vec{v}_2 - \vec{v}_1 \tag{1.6}$$

と表される．両者の速度が一直線上にない場合も，相対速度は速度ベクトルの差として求めることができる．

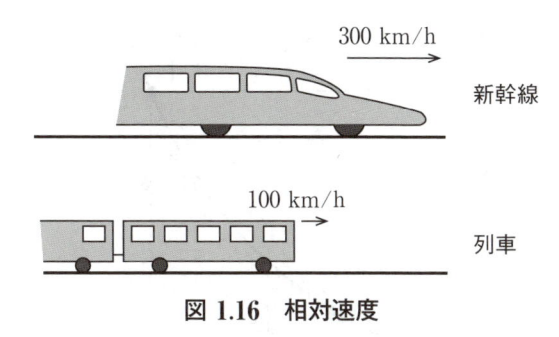

図 1.16 相対速度

1.2.4 平均の速さと瞬間の速さ

車で隣りの町まで移動する場合，信号待ちなどあって一定の速さで移動することはできない．このとき，移動した距離 $\Delta x\,(= x_2 - x_1)$ を移動に要した時間 $\Delta t\,(= t_2 - t_1)$ で割った値を**平均の速さ** $\overline{v}$ と呼び，

$$\overline{v} = \frac{\Delta x}{\Delta t} = \frac{x_2 - x_1}{t_2 - t_1} \tag{1.7}$$

で表す．平均の速さは単に進んだ距離をかかった時間で割ったものであり，途中での速さの変化は考慮しない．

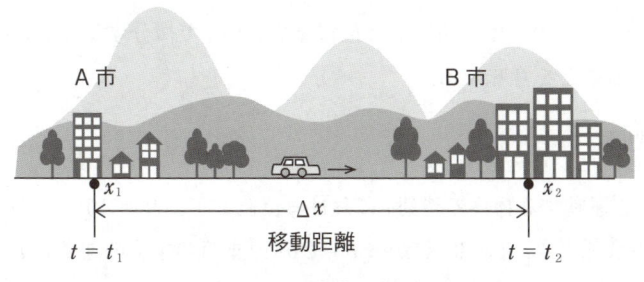

図 1.17 平均の速さ

次に，速度が変化する場合について，ある時刻における瞬間の速度を考えよう．図 1.18 は $t = 0$ で原点から運動を開始した物体の時間と位置の関係を示したグラフ（x-t グラフ）である．t_1, t_2, t_3 のときの位置をそれぞれ x_1, x_2, x_3 とすると，$t_1 \to t_3$ での平均の速さは，

$$\overline{v_{1\to3}} = \Delta x_{1\to3}/\Delta t_{1\to3} = \frac{x_3 - x_1}{t_3 - t_1}$$

となり，同様に $t_1 \to t_2$ の平均の速さは，

$$\overline{v_{1\to2}} = \Delta x_{1\to2}/\Delta t_{1\to2} = \frac{x_2 - x_1}{t_2 - t_1}$$

と表される．平均の速さは，それぞれ図の点 P_1 と P_3，点 P_1 と P_2 を結んだ直線の傾きと等しい．

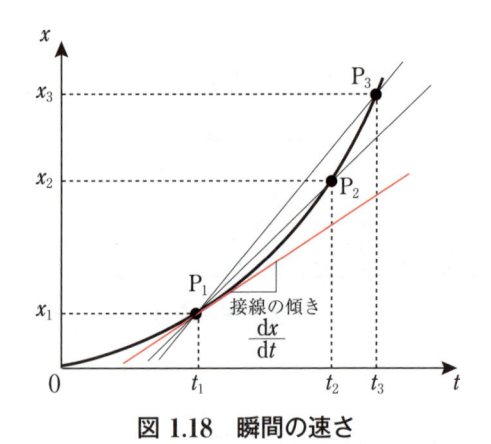

図 1.18 瞬間の速さ

ここで t_2 が t_1 に限りなく近づく場合を考えてみる．このとき $\Delta x = x_2 - x_1$，$\Delta t = t_2 - t_1$ とすると，

$$v = \lim_{\Delta t \to 0} \frac{\Delta x}{\Delta t}$$

となり，v の値は t_1 で曲線に接する接線の傾きとなる．これを t_1 における**瞬間の速度**（単に速度という）と呼び，数学的には，

$$v = \frac{dx}{dt} \tag{1.8}$$

で与えられる．この式は，速度 v は位置 x を時間 t で微分することにより求めることができることを意味する．

◆確認問題

x 軸上を運動する物体の時刻 t における位置 x が $x(t) = 2.0t^2 + 3.0t + 4.0$ [m] で表されるとき，$t = 0$ [s] から $t = 2.0$ [s] までの平均の速さと $t = 2.0$ [s] における瞬間の速さを求めよ．

◆解答

平均の速さ $\bar{v} = \dfrac{x(2) - x(0)}{2.0 - 0} = \dfrac{14}{2.0} = 7.0$ m/s

瞬間の速さ $v(t)$ は $x(t)$ を t で微分して，

$$v(t) = \dfrac{\mathrm{d}x(t)}{\mathrm{d}t} = 4.0t + 3.0$$

$t = 2.0$ s のとき，$v(2) = 11$ m/s

1.2.5 速さと移動距離

一定の速さ v で時間 Δt だけ移動したときに進む距離 Δx は

$$\Delta x = v \times \Delta t \tag{1.9}$$

で表される．これは縦軸を速さ，横軸を時間とした v-t グラフにおいて $t_1 \to t_2$ で区切られた部分の面積と等しい（図 1.19(a)）．一方，速さが図 1.19(b) で示したように時間によって変化する場合，t_1 から t_2 までに移動した距離 L は，t_1 から t_2 で区切られた部分の面積となる．このとき距離 L は，積分を用いて，

$$L = \int_{t_1}^{t_2} v(t)\,\mathrm{d}t \tag{1.10}$$

と表される．

$v(t) = \dfrac{\mathrm{d}x}{\mathrm{d}t}$ を，変数分離法により t_1 から t_2 まで積分したものである．

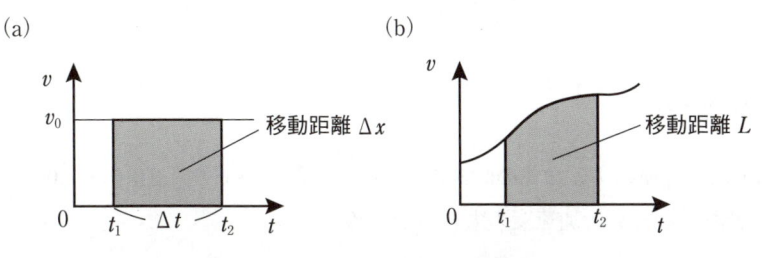

(a) (b)

図 1.19 v-t グラフと移動距離

1.2.6 加速度

式 (1.8) のように，速度 $\vec{v}$ は位置 $\vec{x}$ の時間 t に対する変化率として求めることができる．一方，速度 $\vec{v}$ の時間 t に対する変化率を**加速度 $\vec{a}$** といい，時間 Δt の間に速度が Δv だけ変化したとき，加速度 $\vec{a}$ は，

$$\vec{a} = \dfrac{\Delta \vec{v}}{\Delta t} \tag{1.11}$$

と表される．

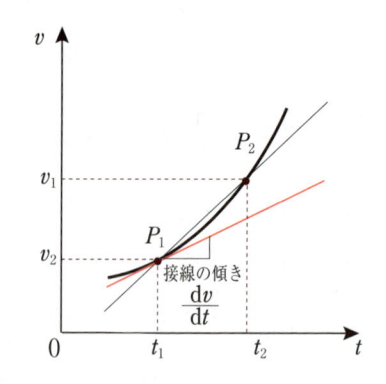

図 1.20　平均の加速度と瞬間の加速度

図 1.20 は直線上を運動しているある物体の速度と時間の関係（$v\text{-}t$ グラフ）を表したものである．ここで，t_1 から t_2 まで時間が変化したときの加速度は，

$$a = \frac{\Delta v}{\Delta t} = \frac{v_2 - v_1}{t_2 - t_1} \tag{1.12}$$

となる．これを $t_1 \to t_2$ の**平均の加速度**といい，直線 $P_1 - P_2$ の傾きに等しい．一方，t_2 が限りなく t_1 に近づく場合，

$\Delta t = t_2 - t_1$ として

$$a = \lim_{\Delta t \to 0} \frac{\Delta v}{\Delta t} = \frac{\mathrm{d}v}{\mathrm{d}t} \tag{1.13}$$

となる．これを t_1 における**瞬間の加速度**といい，曲線の t_1 における接線の傾きとなる．このように，瞬間の加速度は速度を時間で微分することにより求めることができる．

◆確認問題

x 軸上を運動する物体の時刻 t における位置 x が $x(t) = 2.0\,t^2 + 3.0\,t + 4.0$ で表されるとき，加速度の大きさを求めよ．

◆解答

速度 $v(t)$ は $x(t)$ を時間で微分して，

$$v(t) = \frac{\mathrm{d}x(t)}{\mathrm{d}t} = 4.0\,t + 3.0$$

加速度 $a(t)$ は $v(t)$ を時間で微分して，

$$a(t) = \frac{\mathrm{d}v(t)}{\mathrm{d}t} = 4.0$$

速度の大きさ（速さ）は一定で向きが変化する場合の加速度
等速円運動（1.3.5 参照）のように，物体の速さは変化しなくとも運動の方向が時間とともに変わる場合は加速度が生じる．

1.2 節のキーワード

☐ 平均の速さ　　☐ 瞬間の速さ　　☐ 速度　　☐ 合成速度
☐ 相対速度　　　☐ 加速度

1.2 節のまとめ

① 速さと速度の違いについて説明できる．
② 平均の速さと瞬間の速さの違いについて説明できる．
③ 速度と加速度の関係について説明できる．

1.3　力と運動

物体に力が加わっていない場合，物体の運動の様子は変化しないが，力が加わっている場合，力のかかり方に応じて物体が運動する状態が変化する．本節では物体に加わる力と運動の関係について説明する．

1.3.1　等速直線運動と等加速度直線運動

一直線上のみを動くことができる物体を考えよう．物体に力が働かない場合，静止しているものは静止したままであり，一定の速度で運動しているものは，その速度を保ったまま直線的に運動する．この運動を等速直線運動という．等速直線運動において，$t = 0$ で位置 x_0 を速度 v_0 で通過する場合，t 秒後の速度 $v(t)$ と位置 $x(t)$ はそれぞれ，

$$v(t) = v_0 \tag{1.14}$$
$$x(t) = v_0 t + x_0 \tag{1.15}$$

と表される．ここで，v_0 は初速度，x_0 は初期位置と呼ばれる．

物体に対して大きさが一定の加速度 a が働く場合，物体は等加速度直線運動をする．このとき，t 秒後の速度 $v(t)$ と位置 $x(t)$ は，初速度 v_0，初期位置 x_0 として，

$$v(t) = at + v_0 \tag{1.16}$$
$$x(t) = 1/2\, at^2 + v_0 t + x_0 \tag{1.17}$$

と表される．

1.3.2　3つの運動の法則

物体に加速度が働くということは，物体に力が働いていることを意味するものである．物体に働く力と運動の関係については，次の3つの運動の法則が成り立つ．

・**運動の第一法則（慣性の法則）**

物体に力が働かないとき，あるいは，複数の力が働いていてその合力がゼロである場合，静止している物体は静止し続け，運動している物体はそのまま等速直線運動を続ける．これを，運動の第一法則または慣性の法則という．

> **コラム　慣性力**
>
> 車に乗っていて急ブレーキがかかると，前のめりになるような力を感じる．また，飛行機が離陸するときには，座席に押し付けられるような力を感じる．しかし，車や飛行機の外で静止している人から見た場合を考えてみると，前のめりになるような力や座席に押し付ける力は働いていないことがわかるだろう．このように実際には働いていない力を慣性力という．慣性力は，物体がそれまでの運動状態を保持しようとする慣性の性質による見かけの力である．

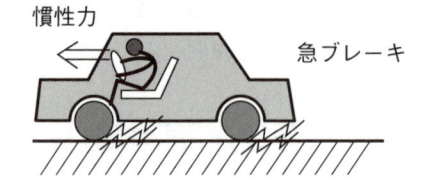

・**運動の第二法則**

物体に力が働くとき，物体には力と同じ向きの加速度が生じる．このとき加速度 a の大きさは，力の大きさ F に比例し物体の質量 m に反比例する．これを運動の第二法則または運動方程式と呼び，

$$\vec{F} = m\vec{a} \tag{1.18}$$

で表される．

・**運動の第三法則（作用反作用の法則）**

加えた力（作用）に対して，それと同じ大きさで反対向きの力（反作用）が働く．

以上の3つの法則を合わせて，ニュートンの運動の3法則という．

1.3.3　運動方程式

ここではある方向（x 方向）の運動のみを考えよう．運動の第二法則（運動方

程式）$F = ma$ を書き換えると，

$$a = \frac{F}{m} \tag{1.19}$$

となる．この式は物体に加わる力によって加速度が決まる，つまりどのような運動をするかが決まることを示すものである．

ここで，加速度 a を，

$$a = \frac{dv}{dt} \tag{1.20}$$

と書くと，これを時間で積分することにより速度 v が，

$$v = at + v_0 \tag{1.21}$$

と表され，また速度 v は，

$$v = \frac{dx}{dt} \tag{1.22}$$

と書けるので，これを時間で積分することにより，位置 x が，

$$x = \frac{1}{2}at^2 + v_0 t + x_0 \tag{1.23}$$

と表される．

このように，加速度 a が与えられると，それを時間 t で積分することにより運動の速度 v が，また速度をさらに時間 t で積分することにより位置 x を求めることができる．

1.3.4 重力による落体の運動

地球上のあらゆる物体には重力が働いている．ここでは，様々な運動を理解する上で基本となる重力による物体の運動を考えてみよう．

1 自由落下

空中のある点にある質量 m の物体には重力 mg が働く．このとき，物体に働く加速度を a とすると，式 (1.19) より $a = mg/m = g$ となる．これを重力加速度という．重さにかかわらず，すべての物体は自由落下の時はこの加速度となる．したがって，物体を空中から静かに落とす場合，物体は加速度 g で等加速度直線運動をする．重力加速度の方向つまり下向きを正にとり，落下させた高さを基準 0 とすると，物体の t 秒後の速度は，

$$v = gt \tag{1.24}$$

と表され，また t 秒後の位置は，式 (1.24) を t で積分して，

$$x = \frac{1}{2}gt^2 \tag{1.25}$$

となる．

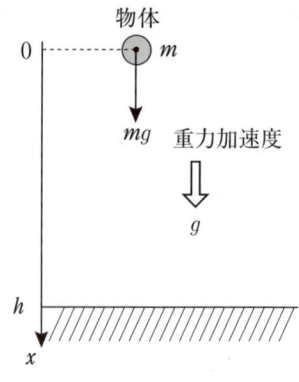

図 1.21 自由落下

◆確認問題

鉛直上向きを正とし，水平面の高さを基準の0として落下させる高さを h とする場合，式 (1.25) はどのようになるか．

◆解答

鉛直上向きを正とする場合，物体に働く重力加速度は下向きにかかるので $-g$ となる．したがって，

$$v = -gt$$

これを t で積分すると，初期位置を h として，

$$x = -\frac{1}{2}gt^2 + h$$

2　鉛直投げ上げ

物体を水平面から真上に初速度 v_0 で投げ上げる場合，物体は減速しながら上昇し，やがてある高さで速度が0となりその後は自由落下と同様の運動をする．このとき，上向きを正とすると，重力加速度は $-g$ がかかるので，投げ上げ t 秒後の速度は，

$$v = -gt + v_0 \tag{1.26}$$

t 秒後の位置は，初期位置を0として，

$$y = -1/2\, gt^2 + v_0 t \tag{1.27}$$

となる．

◆確認問題

小球を高さ 100 m まで鉛直に投げ上げるために必要な初速度を求めなさい．ただし，重力加速度の大きさを 9.8 m/s^2 とする．

◆解答

初速度を v_0 とすると，式 (1.26) より，

$v = -9.8 \times t + v_0$

最高点では $v = 0$ となるため，投げ上げ後最高点までの時間は，

$t = v_0 / 9.8$

このとき，高さが 100 m になるには，式 (1.27) より，

$$100 = -1/2 \times 9.8 \times \left(\frac{v_0}{9.8}\right)^2 + v_0 \times \frac{v_0}{9.8}$$

したがって，$v_0 = \sqrt{2 \times 9.8 \times 100} = 44$ m/s

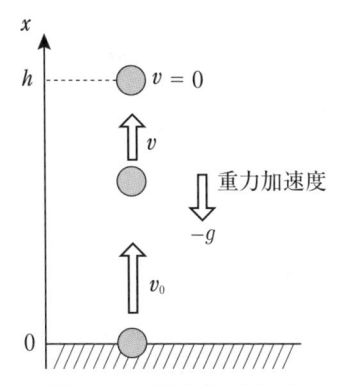

図 1.22 鉛直投げ上げ

3 水平投射

自由落下，鉛直投げ上げでは鉛直方向の直線上での物体の運動を考えたが，水平投射では，x-y 平面における 2 次元の運動を考えることになる．ここで，ベクトルを分解したように，運動を水平方向と鉛直方向に分けて考える．このとき，鉛直下方向には重力 mg つまり重力加速度 g がかかるのに対して，水平方向には全く力が働かない．したがって，水平方向の加速度はゼロであり，速度の水平方向の成分 v_x は常に初速度 v_0 を保つ．一方，鉛直下向き方向の速度は自由落下と同じように加速する．したがって，物体を高さ h [m] の台から水平に発射する場合，t 秒後の速さと位置は図 1.23 のように軸をとると，

x 方向の速さ　　$v_x = v_0$ 　　　　　　　　　　　　　　　　　　　(1.28)

y 方向の速さ　　$v_y = -gt$ 　　　　　　　　　　　　　　　　　　(1.29)

x の位置　　　　$x = v_0 t$ 　　　　　　　　　　　　　　　　　　　(1.30)

y の位置　　　　$y = -1/2\, gt^2 + h$ 　　　　　　　　　　　　　　(1.31)

となる．また，物体の速度は x 方向と y 方向の速度を合成した速度になる．

◆**確認問題**

図 1.23 において，物体の落下位置までの水平方向の距離 L はいくらか．また，水平面に落下したときの速さはいくらか．

◆**解答**

水平方向には等速運動をするので，落下するまでの時間を求めればよい．高さ h から地面に落下するまでの時間を t とすると，

式 (1.31) より，$0 = -1/2\, gt^2 + h$

$$t = \sqrt{\frac{2h}{g}} \quad \text{よって，} \quad L = v_0 \sqrt{\frac{2h}{g}}$$

落下したときの鉛直方向の速度は $v_y = -gt = -g\sqrt{\dfrac{2h}{g}} = -\sqrt{2gh}$

$$v = \sqrt{v_0^2 + v_y^2} = \sqrt{v_0^2 + 2gh}$$

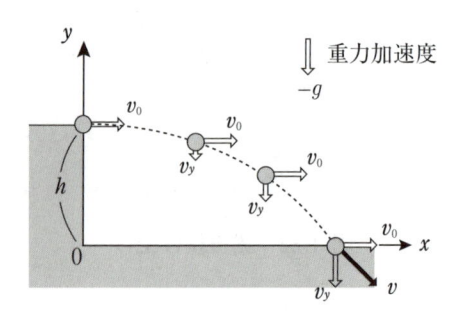

図 1.23 水平投射

4 斜方投射

図 1.24 のように，物体を水平面から初速度 v_0 で仰角 θ [rad] の斜方に発射する場合を考えよう．この場合も水平投射と同じく，水平方向には力が加わらず加

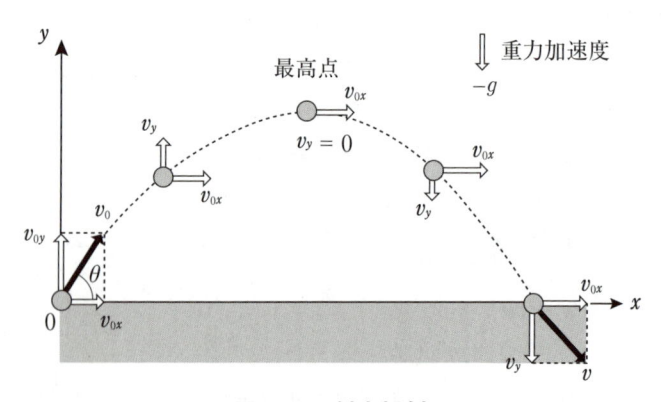

図 1.24 斜方投射

速度ゼロなので速度が維持される．一方，鉛直下方向には重力加速度 g がかかる．打ち上げる初速度を v_0 とし，その水平方向の成分を v_{0x}，鉛直方向の成分を v_{0y} とすると，物体の運動は初速度 v_{0x} で水平に投射した運動と初速度 v_{0y} で鉛直上方に打ち上げた運動とを組合わせたものになる．

ここで，

$$v_{0x} = v_0 \cos\theta \tag{1.32}$$

$$v_{0y} = v_0 \sin\theta \tag{1.33}$$

となるので，

$$x\text{方向の速さ } v_x = v_0 \cos\theta \tag{1.34}$$

$$y\text{方向の速さ } v_y = -gt + v_0 \sin\theta \tag{1.35}$$

$$x\text{の位置 } x = v_0 \cos\theta \cdot t \tag{1.36}$$

$$y\text{の位置 } y = -1/2\, gt^2 + v_0 \sin\theta \cdot t \tag{1.37}$$

と表される．式 (1.36) と式 (1.37) から t を消去すると，

$$y = -\frac{g}{2v_0^2 \cos^2\theta} x^2 + \tan\theta \cdot x \tag{1.38}$$

となり，y は x の 2 次関数であることがわかる．これは，斜方投射した物体の軌道を表す式（放物線）であり，物体の運動は**放物運動**と呼ばれる．

◆**確認問題**

図 1.24 において，最高点の高さ H はいくらか．また，点 O から落下点までの距離 L はいくらか．

◆**解答**

最高点では $v_y = 0$ となるので，式 (1.35) より最高点に達する時間は

$$t = \frac{v_0 \sin\theta}{g}$$

これを式 (1.37) に代入すると，$H = \dfrac{v_0^2 \sin^2\theta}{2g}$ が得られる．また，落下するまでの時間は式 (1.37) において $y = 0$ とし，これを解いて $t = \dfrac{2v_0 \sin\theta}{g}$．

これを式 (1.36) に代入すると，$L = \dfrac{2v_0^2 \sin\theta \cos\theta}{g}$ となる．

> **コラム　空気抵抗がある場合の落下運動**
>
> 　真空中など，空気による影響がない場合，物体の落下運動は 1.3.4 で扱った式に従うが，物体が空気中を落下する場合は，空気による抵抗力が働く．抵抗力の大きさは落下する物体の速さ v に比例し，図 A のように 抵抗力 $= kv$ と表される．
>
> 　抵抗力を受けながら落下する物体についての運動方程式は，加速度を下向きを正にして $a\,[\mathrm{m/s^2}]$ とすると，
>
> $$mg - kv = ma$$
>
> と表される．この式から物体に加速度 $a = g - \dfrac{kv}{m}$ が求められるが，この値は一定ではなく速度 v により変化する．加速度は時間とともに小さくなり，やがて重力と抵抗力が等しくなったところでゼロとなる．このとき，物体は一定の速度，
>
> $$v_t = \frac{mg}{k}$$
>
> で落下する．この速度 v_t を終端速度という．図 B に，空気抵抗がない場合と空気抵抗がある場合の落下速度の時間変化の様子を示した． 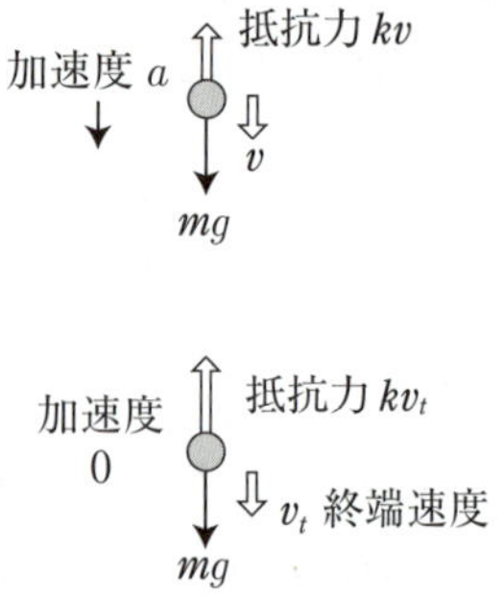
>
> 図 A　空気による抵抗力 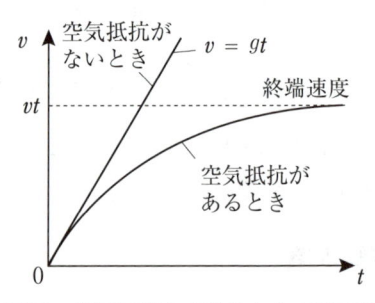
>
> 図 B　空気抵抗を受けるときの落下速度の変化

1.3.5　等速円運動

　図 1.25 のように，物体が円周上を一定の速さで運動するとき，この運動を **等速円運動** という．等速円運動では，速さは一定であるが速度（ベクトル）は時間に伴って変化しているため（図 1.25B），物体には加速度が働いている，つまり何らかの力が働いていることになる．

　半径 $r\,[\mathrm{m}]$ の円周上を一定の速さ $v\,[\mathrm{m/s}]$ で物体が等速円運動するとき，1 周するのに要する時間は $2\pi r/v$ であり，これを **周期** $T\,[\mathrm{s}]$ という．また，1 秒間に回転する数を **回転数** f と呼び，

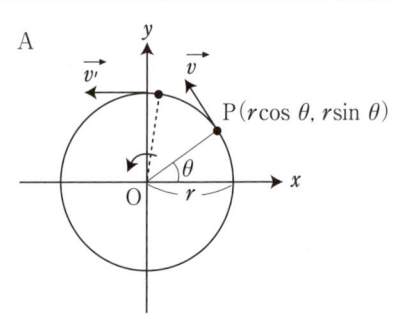

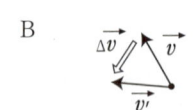

Δt の間の速度変化

図 1.25　等速円運動する物体

$$f = 1/T \tag{1.39}$$

で表される．回転数の単位は [s^{-1}] であるが，これをヘルツ [Hz] で表す．

円運動では，円周上を運動する速度 v の他に**角速度**ω を考える．角速度 ω は 1 秒間に回転する角度であり，t 秒間に θ [rad] だけ回転する場合の角速度 ω [rad/s] は，

$$\omega = \theta/t \tag{1.40}$$

と表される．これより，角速度 ω で t 秒間回転する場合，$\theta = \omega t$ となる．また，円を一周するのにかかる時間は T なので，

$$\omega = 2\pi/T = 2\pi f \tag{1.41}$$

の関係がある．また，速度 v とは，

$$v = r\omega \tag{1.42}$$

の関係がある．

◆確認問題

半径 2.0 m の円周上を小球が 2.0 秒間に 1 周の速さで等速円運動している．この等速円運動の速さを求めよ．

◆解答

円運動の角速度 $\omega = 2\pi/2.0 = \pi$ rad/s

式（1.42）より，円運動の速さ $v = 2.0 \times \pi = 6.3$ m/s

1.3.6　等速円運動の速度と加速度

角速度 ω で等速円運動をしている円周上の点 P の x, y 座標は，OP が x 軸となす角度を θ とし，$t=0$ のとき $\theta=0$ の場合，$\theta = \omega t$ と表されるので，

$$x(t) = r\cos\omega t \tag{1.43}$$
$$y(t) = r\sin\omega t \tag{1.44}$$

と書くことができる．x, y 方向の速度成分 $v_x(t)$, $v_y(t)$ は，位置を時間で微分して求めることができるので，式（1.43），（1.44）をそれぞれ t で微分して，

$$v_x(t) = -r\omega\sin\omega t \tag{1.45}$$
$$v_y(t) = r\omega\cos\omega t \tag{1.46}$$

と表される．このとき，速度の大きさは，

$$v = \sqrt{v_x(t)^2 + v_y(t)^2} = \sqrt{r^2\omega^2} = r\omega$$

となり，式（1.42）と一致する．

さらに，x, y 方向の加速度 $a_x(t)$, $a_y(t)$ は，式（1.45），（1.46）をそれぞれ t で微分して，

$$a_x(t) = -r\omega^2\cos\omega t \tag{1.47}$$
$$a_y(t) = -r\omega^2\sin\omega t \tag{1.48}$$

と表される．

加速度 a の大きさは，
$$a = \sqrt{a_x(t)^2 + a_y(t)^2} = \sqrt{r^2\omega^4} = r\omega^2 \tag{1.49}$$
となり，式（1.42）より，
$$a = \frac{v^2}{r} \tag{1.50}$$
と表すこともできる．また，加速度の向きは図 1.25B において，Δt を小さくしたときの Δv の向きになり，点 P では，P から O に向かう，すなわち，円の中心に向かう．

◆確認問題

半径 10 cm の円周上を 2.0 m/s で等速円運動している小球に働く加速度の大きさを求めよ．

◆解答

式（1.50）より，$a = \dfrac{2.0^2}{0.1} = 40$ m/s^2

1.3.7 円運動させる力（向心力）

円運動は速度（速度ベクトル）が変化する運動であり，加速度と同じく常に円の中心に向かう向きに力が働いている．この力を**向心力**と呼ぶ．向心力の大きさはニュートンの運動方程式 $F = ma$ より，
$$F = mr\omega^2 = mv^2/r \tag{1.51}$$
と表される．

> **コラム** 遠心力
>
> 車が急カーブする場合，乗っている人は外側に投げ出されるような力を感じる．この力を遠心力という．遠心力は慣性力であり，実際に働いているものではない．右図のように，等速円運動している物体に乗っている人を外の人から見ると，運動している人に対して向心力が働いて円運動しているのであり，遠心力は働いていないことがわかるだろう．

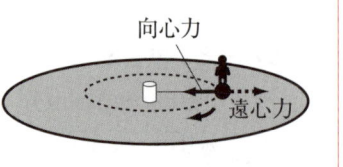

◆確認問題

問 1　等速円運動の半径と速さがそれぞれ 2 倍になる場合，向心力の大きさは何倍になるか．

問2 図のように質量 m の小球を，長さ l の軽いひもで天井からつり下げて平面内で等速円運動させたところ，ひもと天井のなす角が θ となった．ひもの張力の大きさ T と小球の速さ v を求めよ．ただし，重力加速度の大きさを g とする．

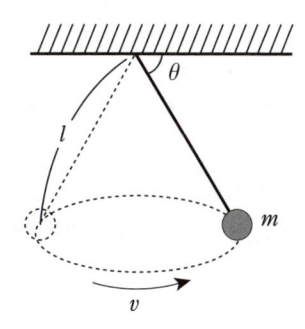

◆解答

問1 式 (1.51) より向心力の大きさは $\dfrac{2^2}{2} = 2$ 倍になる．

問2 小球にかかる張力 T を鉛直上方向と水平方向に分解する．このうち，鉛直上方向の成分 $T\sin\theta$ は小球にかかる重力 mg とつり合う．水平方向の成分 $T\cos\theta$ は，小球の等速円運動の向心力となる．等速円運動の半径は $l\cos\theta$ となるので，

$$T\sin\theta = mg$$

$$T\cos\theta = m\frac{v^2}{l\cos\theta}$$

上式より，$T = \dfrac{mg}{\sin\theta}$，$v = \sqrt{\dfrac{gl\cos\theta}{\tan\theta}}$

1.3.8 単振動

図 1.26 のように物体をバネで壁とつなぎ，少しバネを伸ばしたり，縮めた後に放すと往復運動をする．この運動を**単振動**と呼ぶ．このとき，バネの弾性力は伸び縮み（変位 x）の反対方向に働く．つまり，変位 x が正の場合は負の方向に，変位 x が負の場合は正の方向のように，弾性力は常に振動の中心に向かう．また，その大きさはバネの伸び縮み（変位 x）に比例する．このような力を**中心力**と呼び，k を比例定数として，

$$F = -kx \tag{1.52}$$

と表される．

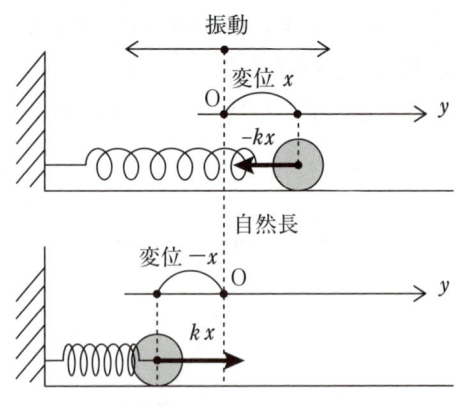

図 1.26 バネによる単振動

　単振動の運動は，円運動における y 座標の変化を表したものと等しく，式 (1.44) と同様に，
$$y(t) = A\sin\omega t \tag{1.53}$$
と表される．ここで，A は等速円運動の半径に相当するが，単振動ではこれを**振幅**という．

　等速円運動で物体が 1 周する間に，単振動では 1 回振動する．この時間を**周期** T と呼び，1 秒間に振動する回数を**振動数**と呼んで，f [Hz] と表す．振動数 f は等速円運動における回転数に対応する．同様に，等速円運動における角速度 ω に対応するものを単振動では**角振動数**と呼び，等速円運動と同様に，
$$\omega = 2\pi/T = 2\pi f \tag{1.54}$$
と表される．角振動数 ω は時間 2π の間に振動する回数に相当する．

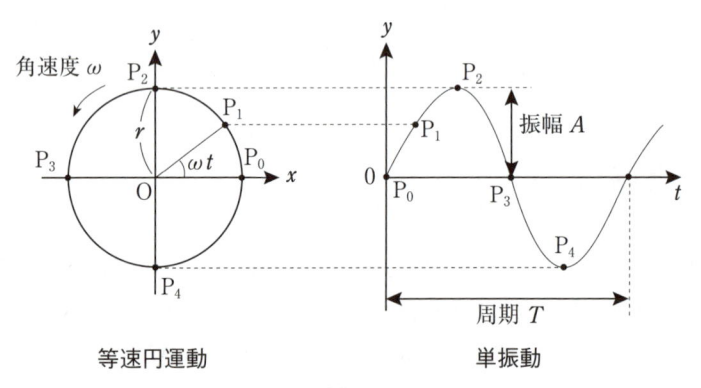

図 1.27 等速円運動と単振動

◆**確認問題**

振幅が 0.20 m，振動数が 2.0 Hz の単振動を表す式を求めよ．

◆解答

単振動の角振動数ωは$2\pi f = 4\pi$ Hz となり，式（1.53）より，
$$y(t) = 0.2 \sin 4\pi t$$
となる．

1.3.9 単振動の速度と加速度

単振動の位置$y(t)$は式（1.53）で表されるので，速度$v_y(t)$は，位置を時間で微分して，
$$v_y(t) = A\omega \cos \omega t \tag{1.55}$$
と表される．また，加速度$a_y(t)$は速度$v_y(t)$を時間で微分することにより，
$$a_y(t) = -A\omega^2 \sin \omega t \tag{1.56}$$
となる．$a_y(t)$は式（1.53）より，
$$a_y(t) = -\omega^2 y(t) \tag{1.57}$$
と書くことができる．

◆確認問題

ある単振動をしている物体の位置が$y(t) = 0.15 \sin 2.0\, t$と表された．$t = 6.0$のときの物体の速さを求めよ．

◆解答

$y(t) = 0.15 \sin 2.0\, t$を時間tで微分すると，

$v(t) = 3.0 \cos 2.0\, t$

$t = 6.0$を代入して，$v(6) = 3.0 \cos 12 = 2.9$ m/s

1.3.10 単振動させる力（中心力）

図1.26のように，単振動は物体に中心力が働くために生じる．このとき，中心力Fは式（1.57）で求めた加速度$a = -\omega^2 y(t)$を用いて，
$$F = -m\omega^2 y(t) \tag{1.58}$$
と表される．

これまで扱ってきた等加速度直線運動や等速円運動の場合，加速度と力の大きさは一定であったが，単振動では，加速度と中心力の大きさが時間と位置によって変化する．

式（1.58）を式（1.52）$F = -ky$と比べると，
$$k = m\omega^2 \tag{1.59}$$
が得られる．これは，中心力の比例定数kと単振動の角振動数ωとの関係を示す

式である．この関係を用いると，単振動の振動数 f は，比例定数 k と質量 m により，

$$f = \frac{\omega}{2\pi} = \frac{1}{2\pi}\sqrt{\frac{k}{m}} \tag{1.60}$$

となる．この式より，比例定数 k がわかっている場合，単振動の振動数 f を測定することにより質量 m を求めることができる．実際に，体重計を使うことができない宇宙船内など無重力の条件において，体をバネに繋いで単振動させ，その振動数から体重を測ることに応用されている．

◆**確認問題**

無重力状態においてばねの付いた椅子に大人と子供それぞれを乗せて単振動させたところ，大人が一回振動する間に子供は2回振動した．大人の体重（質量）は子供の体重（質量）の何倍か？ただし，椅子の質量は無視するものとする．

◆**解答**

大人の質量を M，子供の質量を m とし，ばね定数を k，大人の振動数を f とすると，

$$\text{大人} f = \frac{1}{2\pi}\sqrt{\frac{k}{M}}, \quad \text{子供} 2f = \frac{1}{2\pi}\sqrt{\frac{k}{m}}$$

より，$M = 4m$　　4倍

1.3節のキーワード

- □ 運動の法則　　□ 直線運動　　□ 放物運動　　□ 等速円運動
- □ 単振動　　　　□ 向心力　　　□ 中心力

1.3節のまとめ

① 運動の法則について理解し，力，質量，加速度などの相互関係を説明できる．
② 直線運動，放物運動，等速円運動，単振動について，数式を用いて説明できる．

1.4 エネルギーとエネルギー保存則

エネルギーといえば，「化学エネルギー」や「熱エネルギー」，「電気エネルギー」，「光エネルギー」など，いろいろなエネルギーを思い浮かべるであろう．しかし，エネルギーとは何だろうか．

私たちは日常，**何かをする能力がある「もの」や「状態」**に，エネルギーがあると考える．例えば「ガソリンのエネルギー」といえば，クルマを動かす何らかの秘めた力の源を連想する．そうして動いた「走るクルマ」に，今度は，衝突すれば大きな破壊力を生む力の源を連想する．これらの「エネルギー」はどれも，**何かをする能力**を秘めており，何らかの**動作**を生み，また何かを**する**のである．

この何かをする能力，エネルギー[J]は，動作のエネルギー（運動エネルギー）を生もうが，仕事[J]をしようが，もとのエネルギーより大きなことはできない．無駄なく動いて仕事をするなら，もとのエネルギーと等しい仕事[J]をする．何気なく書いた[J]は，ジュールと読み，エネルギーや仕事の単位である．このように，もとのエネルギー量が他の形のエネルギーや仕事になろうとも，**エネルギーの総量はそれ以上にも以下にもならずに保たれる**．これを，**エネルギー保存則**という．スカラー量の重要な保存則である．以下で詳しく見てみよう．

1.4.1 仕 事

「力を働かせて，物を動かす」，これが仕事である．仕事の量は，次式で表せる．

$$仕事\ W[\text{J}] = 力\ F[\text{N}] \times 移動距離\ L[\text{m}] \tag{1.61}$$

単位はジュール J，エネルギーの単位となる．

例えば，砂の校庭でタイヤをゆっくりと引きずる仕事を考える．かける力が大きいほど，また移動した距離が長いほど，仕事量は大きいであろう．したがって，**仕事は力と移動距離の両者に比例**し，これらの**積**で表される．

計算する際は，**移動の方向にどれだけ力がかかるかで仕事が決まる**ことに留意する．図 1.28 のように，角度 θ 上方に力 $F[\text{N}]$ をかけて水平に $L[\text{m}]$ 移動させるなら，移動方向の力は $F \cdot \cos\theta$ であるから，仕事は，

$$W = F \cdot \cos\theta \times L\ [\text{J}] \tag{1.62}$$

移動方向に垂直な力は，仕事には関与しない．当たり前であるが，水平方向に移動するのに，垂直方向に力をかけても仕事にならないのである．

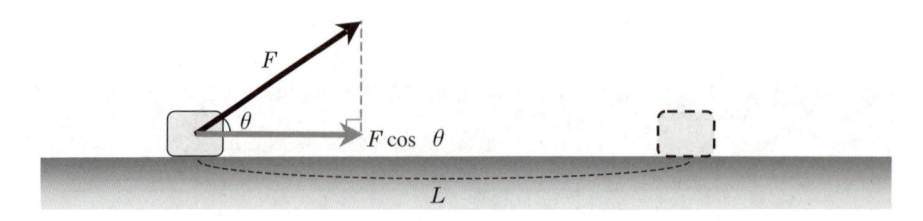

図 1.28

1.4.2 仕事と運動エネルギー

等加速度運動における，初速度 v_0，加速度 a のときの距離 x の式

$$x = \frac{1}{2}at^2 + v_0 t$$

時間 $t = \dfrac{v - v_0}{a}$ の間に移動する距離 x と，その時の速度 v は，t を上式に代入し，

$$2ax = v^2 - v_0^2$$

で関係づけられる．

　滑らかな水平面上にある質量 m[kg] の物体に，力 F[N] をかけ続けて L[m] 移動するとどうだろう．この間の仕事は，上述のように $W = F \cdot L$[J] である．しかし，摩擦のない状態で力 F[N] をかけ続けると，加速度

$$a = \frac{F}{m} \ [\text{m/s}^2] \tag{1.63}$$

で加速を続け，L[m] 移動する間に速度 v[m/s] をもつ．この速度は，マージンに示すように，加速度 a[m/s^2]，距離 L[m] と関連づけられ，

$$v^2 - 0^2 = 2aL$$

であるから，このときの仕事は次のように表される．

$$W = F \cdot L = ma \cdot \frac{v^2}{2a} = \frac{1}{2}mv^2 \ [\text{J}] \tag{1.64}$$

質量 m[kg] の物体が，滑らかで摩擦のない平面上で仕事 $F \cdot L$ をされると速度 v[m/s] となる．この速度 v を含む物理量 $\dfrac{1}{2}mv^2$[J] を **運動エネルギー** という．物体は，外から仕事をされると，**された仕事に等しい運動エネルギーを得る**．

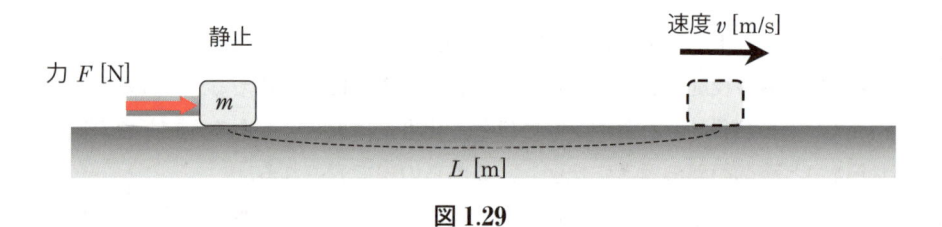

図 1.29

例題 2 速度 v[m/s] で運動する質量 m[kg] の物体がある．この正面から，人が速度と逆向きの力 $-F$[N] をかけ続け，停止させた．

第1章 力とエネルギー

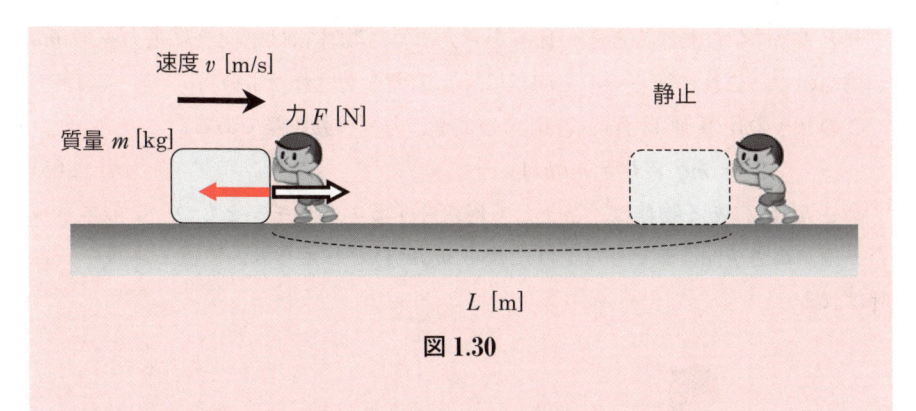

図 1.30

(1) 速度 v [m/s] で運動する質量 m [kg] の物体の運動エネルギー[J]はいくらか？
(2) 人が力をかけ始めてから何[m]先で停止するか？
(3) 停止させるまでに人がする仕事はどれほどか？
(4) 停止するまでに，物体が人にする仕事はどれほどか？

◆解答と解説

(1) 速度 v [m/s] で運動する質量 m [kg] の物体は $\frac{1}{2}mv^2$ [J] の運動エネルギーをもつ．

(2) 正面から速度と逆方向の力 $-F$ [N] をかけ続けると，速度とは逆方向に加速度 $a = -\frac{F}{m}$ がかかる．停止する（速度 $v = 0$）までに移動する距離 L は，$0^2 - v^2 = 2aL = 2 \times \left(-\frac{F}{m}\right) \times L$ を満たす．したがって，$L = \frac{1}{2}\frac{mv^2}{F}$ [m] 先で停止する．

(3) このとき力 $-F$ [N] がする仕事は $W = F \cdot L = F \cdot \frac{1}{2}\frac{mv^2}{F} = \frac{1}{2}mv^2$ [J] である．**運動を止めるには，初めにもつ運動エネルギーと等しい仕事が必要である．**

(4) 物体は力 F [N] で人を押し，そのとき物体が人にする仕事は $W = F \cdot L = F \cdot \frac{1}{2}\frac{mv^2}{F} = \frac{1}{2}mv^2$ [J] である．

運動する物体は，運動エネルギーを消費して，「外に仕事」をする．

1.4.3 仕事と位置エネルギー（ポテンシャルエネルギー）

重力加速度が $g = 9.8$ m/s^2 の地上で，質量 m [kg] の物体を，一定速度でゆっ

くりと h[m] もち上げるときの仕事を考えよう．物体には下向きに重力 $F = mg$ が働くので，これに逆らって上向きに **mg の力** をかければよい*．

このときの仕事 W は，式 (1.61) のように力×移動距離である．
$$W = mg \times h = mgh \, [\text{J}] \tag{1.65}$$

高さ h[m] にある物体は，落下して何かをするエネルギーをもつ．このエネルギーは，高さ h[m] までもち上げた仕事 mgh[J] が貯えられ，**位置エネルギー** と呼ばれる．

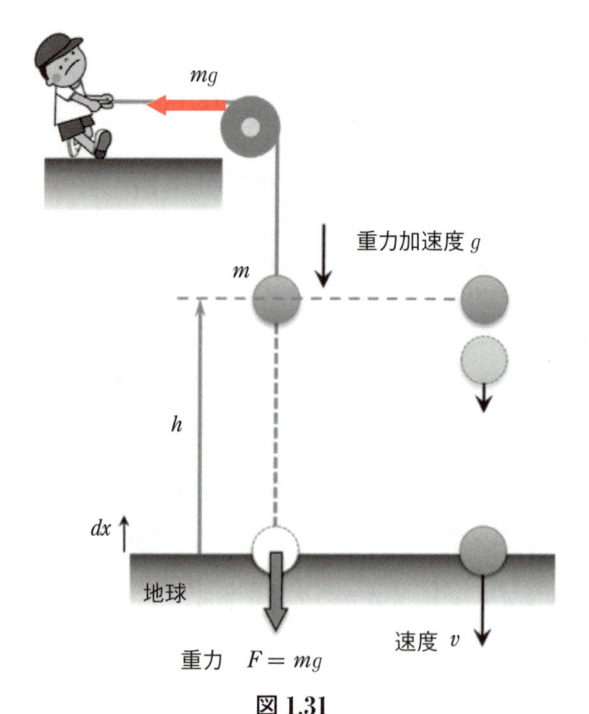

図 1.31
外からの仕事 mgh が，位置エネルギー mgh として物体に蓄えられる．mgh の位置エネルギーをもつ物体は，支えを外すと落下して運動エネルギーを生む．

一般に，上方向に F の力で，微小距離 dx もち上げる微小仕事は Fdx である．これを $x = x_0$ から x_1 にもち上げる全仕事量 W は，それらを加算する積分計算で求まり，これが位置エネルギー U になる．

---

*物理の教科書ではこのように書かれるが，よく考えると奇妙な言い方である．静止する物体に，下向きに重力 $F = mg$，上向きに **mg の力** では，2つの力がつり合って，物体にかかる正味の力はゼロであり，動かない．では動かすには，どうしたらよいだろうか．上向きに **mg より少し大きな力**（$mg + \alpha$）をかけるのである．物体にかかる正味の力は上向きの α であり，物体は上方に運動する．しかし，正味の力 α をかけ続けると，運動方程式にしたがってどんどん加速することになる．一定速度でゆっくりと引き上げるには，はじめに一瞬だけ **$mg + \alpha$ の力** をかけ，動き出したら，上向きに **mg の力** だけにするのである．

$$W = \sum Fdx = \int_{x_0}^{x_1} Fdx = U \tag{1.66}$$

力 F が mg であるときの積分計算は，上向きをプラス方向とすれば，

$$W = \int_{x_0}^{x_1} mgdx = mg[x]_{x_0}^{x_1} = mg(x_1 - x_0) = mgh = U \tag{1.67}$$

重力による位置エネルギー U は，位置の差 $x_1 - x_0 = h$ で決まり，高さの基準点 $x = 0$ がどこにあるかによらない．また，終点−始点という位置の差だけで決まり，途中がどういう変化であるかには依存しない．このように，積分計算により**「（終点の値）−（始点の値）」という差で求まる量**を，物理では**状態量（状態関数）**という．また特に，エネルギーの単位をもつ状態量は**ポテンシャルエネルギー**と呼ばれる．位置エネルギー U はポテンシャルエネルギーの一種である．

例題3 地面にペットボトルに入った1Lの水がある．これを，一定の速度でゆっくりと地面から5 m の高さにもち上げた．
(1) もち上げる仕事はいくらか？
(2) 地上5 m での位置エネルギーはどれほどか？

◆解答と解説

(1) 1 L の水の質量は 1 kg である．
重力に逆らって上に動かす力は $F = mg$
5 m もち上げる仕事 = $mg \times h$ = 1 kg × 9.8 m/s² × 5 m = 49 N m
= 49 J
(2) 地上5 m での位置エネルギー = mgh = 1 kg × 9.8 m/s² × 5 m = 49 J
もち上げるのに要した仕事が，位置エネルギーそのものである．

1.4.4　力学的エネルギー保存則

高さ h [m] にある質量 m [kg] の物体がもつ位置エネルギー mgh [J] が，一体どんなことをするのか見てみよう．この物体には下方向の重力 mg がかかるので，下方向に加速度 g で加速し，高さ h [m] を落下した結果，速度 v [m/s] となる．地表に達するとき，運動エネルギー $\frac{1}{2}mv^2$ [J] をもつ．速度 v は，前述の式のように，

$$v^2 - 0^2 = 2gh \tag{1.68}$$

を満たす．
一方この間，重力 mg が物体にする仕事 W は，

$$W = 力 \times 移動距離 = mgh = m\frac{v^2}{2} = \frac{1}{2}mv^2 [\text{J}] \tag{1.69}$$

落下の際に重力がする仕事 mgh [J] は，地面に達したときの運動エネルギー $\frac{1}{2}mv^2$ [J] に等しい．

逆に，同じ物体が上方に初速度 v [m/s] で出発するときの運動を考えてみよう．このとき，はじめに $\frac{1}{2}mv^2$ [J] の運動エネルギーをもつ．初速度とは逆に下向きに重力加速度 g がかかるので減速し，速度はいずれ 0 になる．このときの移動距離 h [m] は，再び前出の式より，

$$0^2 - v^2 = 2(-g)h \tag{1.70}$$

同じ高さ h [m] まで上昇して速度ゼロとなり，そのときの位置エネルギーは mgh [J] となる．

これらからわかるように，摩擦などによるエネルギーの損失がなければ，**位置エネルギーと運動エネルギーは，仕事を経て互いに姿を変えうる**．また，どちらも仕事として使うことができる．これがエネルギーの姿である．

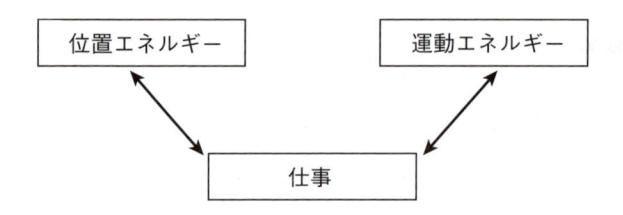

```
   位置エネルギー          運動エネルギー
         ↕                      ↕
              仕事
```

一般に，運動する 1 つの物体では，どの時間で見ても，

$$\boxed{力学的エネルギー = 位置エネルギー + 運動エネルギー}$$

は常に等しい*．これを，**力学的エネルギー保存則**という．

ここで特に「力学的」と記したが，力学的エネルギーといえば位置エネルギーと運動エネルギーの 2 つがすべてであるからである．しかし，**熱力学や生命科学などの他の分野において，化学エネルギーや熱エネルギー，光エネルギーなど他のエネルギーを含めても，エネルギー保存則は成り立つ**重要な考えである．

例題 4 地上 10 m の高さに質量 1 kg の物体が静止している．支えを外すと，この物体が落下した．

(1) 地上 10 m で，位置エネルギーと運動エネルギーはそれぞれいくらか？

(2) 地上 4 m で，位置エネルギーと運動エネルギーはそれぞれいくらか？

(3) 地上 0 m で，位置エネルギーと運動エネルギーはそれぞれいくらか？

◆解答と解説

(1) 地上 10 m

位置エネルギー $= mgh = 1\,\mathrm{kg} \times 9.8\,\mathrm{m/s^2} \times 10\,\mathrm{m} = 98\,\mathrm{N\,m} = 98\,\mathrm{J}$

運動エネルギー $= \dfrac{1}{2}mv^2 = 0\,\mathrm{J}$

このとき，力学的エネルギーの総量は，$98\,\mathrm{J} + 0\,\mathrm{J} = 98\,\mathrm{J}$

(2) 地上 4 m

位置エネルギー $= mgh = 1\,\mathrm{kg} \times 9.8\,\mathrm{m/s^2} \times 4\,\mathrm{m} = 39.2\,\mathrm{J}$

6 m 落下する間に，重力に加速されて速度 v m/s になり，次式で表される．

運動エネルギー $= \dfrac{1}{2}mv^2 = \dfrac{1}{2} \times 1\,\mathrm{kg} \times (2 \times 9.8\,\mathrm{m/s^2} \times 6\,\mathrm{m})$

$= 58.8\,\mathrm{J}$

力学的エネルギーの総量は，$39.2\,\mathrm{J} + 58.8\,\mathrm{J} = 98\,\mathrm{J}$ であり，初めの状態と等しい（力学的エネルギー保存則）．

(3) 地上 0 m

---

*（左ページ）$\dfrac{1}{2}mv_A^2$ [J] の運動エネルギーをもつ質量 m の物体（状態 A）に，力 F を作用させて加速度 $a = \dfrac{F}{m}$ を与えた結果，速度が変化し，運動エネルギーが $\dfrac{1}{2}mv_B^2$ [J] の状態 B になるとき，その際の外からの仕事は $\int_A^B F dx$ であり，これが運動エネルギーの増加分に等しい．

$$\dfrac{1}{2}mv_B^2 - \dfrac{1}{2}mv_A^2 = \int_A^B F dx$$

右辺は作用する力 F を空間座標 x で積分するから，力 F の**ポテンシャルエネルギー**で表せ，

$$\dfrac{1}{2}mv_B^2 - \dfrac{1}{2}mv_A^2 = \int_A^B F dx = \Big[-U(x)\Big]_A^B = -U(x_B) + U(x_A)$$

このときの仕事は，「終わりと初めのポテンシャルエネルギーの差」で表される．さらに次のように変形すれば，**力学的エネルギー保存則**が示せる．

$$\dfrac{1}{2}mv_B^2 + U(x_B) = \dfrac{1}{2}mv_A^2 + U(x_A)$$

初めの状態（状態 A）と終わりの状態（状態 B）で，**力学的エネルギー（運動エネルギー＋ポテンシャルエネルギー）は等しい**．

$$位置エネルギー = mgh = 1\,\text{kg} \times 9.8\,\text{m/s}^2 \times 0\,\text{m} = 0\,\text{J}$$

力学的エネルギー保存則より，

$$運動エネルギー = エネルギーの総量 - 位置エネルギー = 98\,\text{J}$$

1.4.5 ポテンシャルエネルギー(位置エネルギー)の秘密

　ポテンシャルエネルギーといえば，力学では位置エネルギーを指すのが普通である．しかしこの先，電磁気学ではクーロン力のポテンシャルエネルギー，物理化学では分子間力のポテンシャルエネルギー，熱力学では化学ポテンシャルなど，目先を変えて頻繁に登場する．しかし，いずれにおいても，共通する特徴がある．**ポテンシャルエネルギー U を x や r などの空間座標で微分してマイナスを付けると，そこに作用する力 F を表す．**

$$-\frac{dU}{dx} = F \tag{1.71}$$

式 (1.66) を見れば明らかであろう．作用する力に逆らう反対向きの力で仕事したもの（x で積分したもの）がポテンシャルエネルギーであるのだから，逆に，x で微分してマイナスを付ければ，作用する力である．**物体には，そのポテンシャルエネルギーが小さくなる方向に力が働く．**

例題5 原点から距離 r[m] にある物体には力が働き，そのポテンシャルエネルギーは $U(r) = -\dfrac{A}{r}$ [J] （A は正の定数）で表される．

(1) この物体に働く力を式で表してみよ．
(2) 働く力は，原点（$r = 0$）に向かう引力か，原点から遠ざかる斥力か？

◆解答と解説

(1) 力は $F = -\dfrac{dU}{dr} = -\dfrac{d}{dr}\left(-\dfrac{A}{r}\right) = -\dfrac{A}{r^2}$ [N]

(2) 原点から遠ざかる向きが r のプラス方向である．導出した F がマイナス値であるから，原点方向の力，すなわち原点への引力である．
　この力 F は，グラフに表せば右のようになり，原点に近づくほど大きなマイナス値であり，引力が強まる．

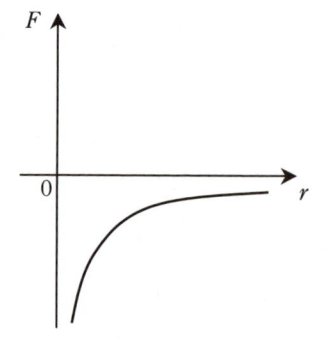

なお，問題文中のポテンシャルエネルギー U は，左図のようなグラフである．ポテンシャルエネルギーが小さくなる方向に力が働くので，例えば物体が位置 r_1 にあるなら，原点方向への引力が働くことがわかる．

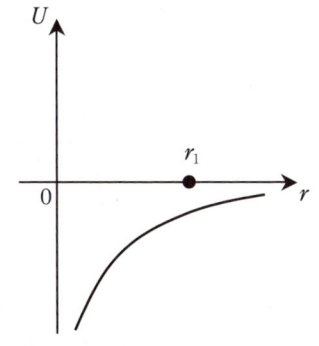

また，$F = -\dfrac{dU}{dr}$ であるから，働く力の大きさは $U(r)$ のグラフの傾きである．原点に近づくほど，傾きが大きいので引力が大きいことを意味する．ポテンシャルエネルギーのグラフからも，働く力の向きや大きさがわかることを知ろう．

コラム　バネの弾性エネルギー（弾力性による位置エネルギー）

エネルギー保存則の1つの例として，バネにつながれた質量 m [kg] の物体の運動を考えよう．はじめ，バネは自然長で静止している．そのときの物体の位置を原点 O としよう．物体を右に引っ張っていくと，バネは原点方向に戻る**弾性力** f を生じる．原点から右に位置 x のときの弾性力 f は，位置 x に比例して，

$$f = -kx$$

と表される．マイナスが付くのは，右に位置 x のときの弾性力 f が x とは逆向き（左向き）であることを意味する．k は**バネ定数**と呼ばれる定数で，バネごとに決まっている値である．k が大きいほど弾性力が大きい．そして，原点 O からの伸び x が大きくなるほど，弾性力 $f = -kx$ が大きい．

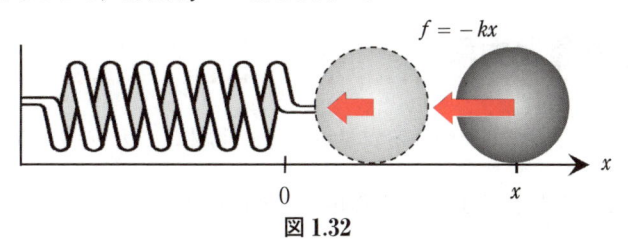

図 1.32

バネを引き伸ばすには仕事が必要であり，その仕事が，引き伸ばしたときの位置エネルギー（弾性エネルギー）として貯えられる．物体を位置 0 から x まで引いたときの仕事は，再び「力×移動距離」で計算できるが，位置により弾性力の大きさが違うことに注意しなければならない．そこで，刻々変わる力による仕事を考えて，足し合わす．位置 x においてバネを伸ばす力は右向きに kx，そこから微小な距離 dx だけ伸ばす仕事は $kx \times dx$，原点 O から位置 x まで移動するときの全仕事はこれを足し合わせて（積分して），

$$W = \int_0^x kx\,dx = k\int_0^x x\,dx = \frac{1}{2} k\left[x^2\right]_0^x = \frac{1}{2} kx^2 = U$$

これが位置 x での位置エネルギー U であり，$U = \dfrac{1}{2} kx^2$ は**バネの弾性エネルギー**と呼ばれる．バネによるポテンシャルエネルギーであるから，空間座標 x で微分してマイナスを付けると，その場所で物体に働く力 $-kx$ になっている．

> 位置 x で静止する質量 m[kg] の物体は，手を離すと原点方向に運動を始め，バネ特有の伸び縮みの運動をする．原点を通過するときの速度を v[m/s] とすれば，位置 x と原点 O での力学的エネルギー（＝運動エネルギー ＋ 位置エネルギー）が等しく（力学的エネルギー保存則），
>
> | 位置 x での力学的エネルギー | ＝ | 原点での力学的エネルギー |
> |---|---|---|
>
> $$0 + \frac{1}{2}kx^2 \quad = \quad \frac{1}{2}mv^2 + 0$$
>
> 原点 O での速度は，$v = x\sqrt{\dfrac{k}{m}}$ [m/s] であるとわかる．初めに伸ばす長さ x[m] が大きいほど弾性エネルギーが大きく，原点を通過する速度 v[m/s] は大きい．
> バネの弾性運動は**化学結合**や**分子振動**の理解などに使われるので，しっかり理解しよう．

1.5 運動量と運動量保存則

　前述したように，物体には，その運動を保とうとする性質「慣性の法則」がある．速度をもって運動する物体も，外から働く力がなければ，運動を（その運動方向を）保とうとする．ベクトル量である速度にも，何らかの保存則がありそうである．

1.5.1 運動量と力積

　いま，速度 v_0[m/s] で運動する質量 m[kg] の物体に，力 F[N] が時間 Δt[s] 作用する場合を考えよう．力 F[N] が作用すると加速度 $a = \dfrac{F}{m}$ がかかり，時間 Δt[s] 後に速度は v_1[m/s] になるとすれば，式 (1.21) より，

$$v_1 = v_0 + \frac{F}{m} \cdot \Delta t \tag{1.72}$$

$$mv_1 - mv_0 = F \cdot \Delta t \quad \text{また} \quad \Delta(mv) = F \cdot \Delta t$$

質量 m[kg] の物体に**力 F[N] を時間 Δt[s] 作用させると，その量 $F \cdot \Delta t$ に応じて，mv が変化する**ことを表す．左辺の質量×速度（mv）は**運動の勢い**であり，**運動量**という．一方，右辺の力×作用時間（$F \cdot \Delta t$）を**力積**と呼ぶ．力が作用せず $F = 0$ ならば，mv は変化せず一定である．これを，**運動量保存則**という．力が働かないときに物体の運動方向が変わらないのは，運動量 mv を保つからである．

(1) ボールが壁に衝突して跳ね返るとき，壁からの力 F が大きいほど，また作用時間 Δt が長いほど，力積 $F \cdot \Delta t$ は大きくなり，運動量の変化は大きくな

る．野球で速い打球を打つには，強い力で，時間をかけて運ぶように打てばよい．

(2) 2つの動くボールAとBが衝突して，新しい速度で運動する．このとき，衝突の瞬間にAとBの間に働く力積 $F \cdot \Delta t$ は，

$$A に作用する力積 = m_A v_{A_2} - m_A v_{A_1}$$
$$B に作用する力積 = m_B v_{B_2} - m_B v_{B_1}$$

作用・反作用の関係から，力 F の大きさは等しく，向きは逆である．したがって，

$$m_A v_{A_2} - m_A v_{A_1} = -(m_B v_{B_2} - m_B v_{B_1})$$

（Aの運動量の変化）＝ －（Bの運動量の変化）

衝突によりAの運動量が減るなら，その分だけBの運動量は増える．また，

$$m_A v_{A_1} + m_B v_{B_1} = m_A v_{A_2} - m_B v_{B_2}$$

と書けば，

（衝突前のAとBの運動量の和）＝（衝突後のAとBの運動量の和）

つまり，AとBが衝突して物体間に力が働き，それぞれの運動量は変わるが，**A＋Bで考えれば外力は作用せず，AとBの運動量の和は衝突の前後で保存**される．外力が働かないとき，式で表せば，$\Delta(mv) = F \cdot \Delta t = 0$，A＋Bでは**運動量に変化はない（運動量保存則）**．

1.5.2 反発係数

物体の跳ね返りの程度を表すものとして，**反発係数**がある．図 1.33 (1) のよう

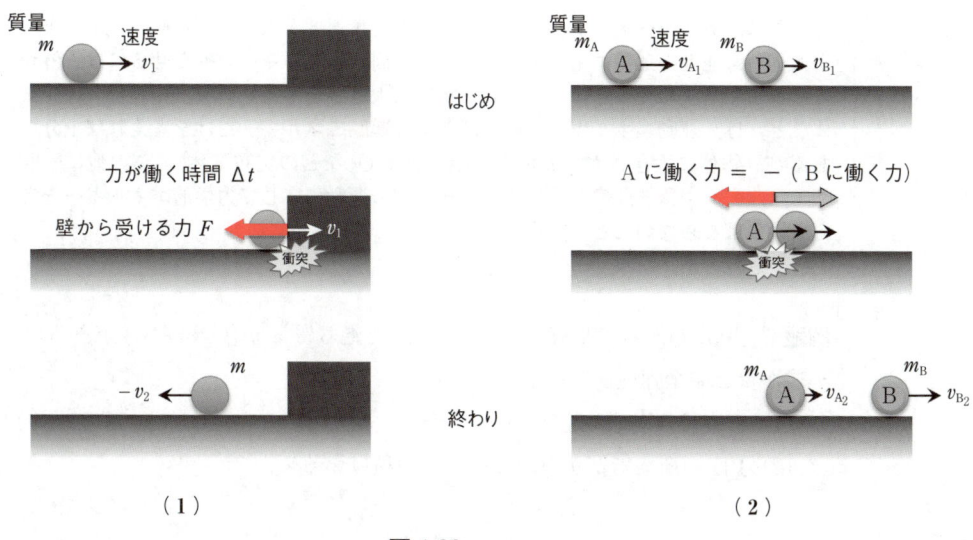

図 1.33

*図 1.33(2) のように両者が動いている場合，反発係数 e 値は相対速度の比，

$$e = \frac{v_{B2} - v_{A2}}{v_{B1} - v_{A1}}$$

で表される．

に，動く物が静止する物体に衝突するとき，反発係数 e は次式で定義される*．

$$e = -(\text{衝突後の速度})/(\text{衝突前の速度}) = -\frac{v_2}{v_1} \tag{1.73}$$

反発係数 e の値は $0 \leq e \leq 1$ であり，衝突する 2 つの物体の材質や形状で決まる．$e = 1$ のとき，衝突の前後で速度の大きさは変わらず，運動エネルギー $\frac{1}{2}mv^2$ に変化がない．つまり，衝突で運動エネルギーの損失はない．このような衝突を，**弾性衝突**という．一方，$0 < e < 1$ の場合は，衝突後の速さが小さくなり（**非弾性衝突**），また，$e = 0$ の場合は，反発しない（**完全非弾性衝突**）．$e < 1$ の場合，衝突で運動エネルギーの損失を伴い，失ったエネルギーは熱など他のエネルギーになる．

コラム　回転運動の角運動量と回転エネルギー

例えば，回転するコマは立ち続けるように，回転する物体にも回転速度を保つ慣性がある．回転する物体は，**角運動量**という回転の運動量をもつ．回転体が，回転軸から位置 r で運動量 $P = mv$ をもつ場合，角運動量 L は，

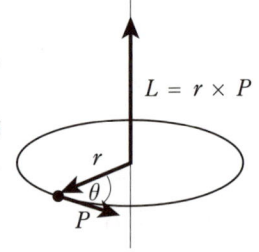

$$L = r \times P \quad (\text{ベクトル } r \text{ とベクトル } P \text{ の外積})$$
$$= I\omega \quad (\text{慣性モーメント } I, \text{ 角速度 } \omega)$$

で表される．角運動量は，運動量と同じく**回転の勢い**を表し，**慣性モーメント I** は回転体の重さに相当する．角運動量は，運動量と同じくベクトル量であるが，回転軸方向の向きをもつ．右回りに回転する物体は，右ねじが進む回転軸方向が角運動量の向きである．電子や原子核のスピンにこの概念が使われるので，覚えておこう．

一方，回転する物体は，回転のエネルギー（**回転エネルギー**）をもつ．回転エネルギー K は，

$$K = \frac{1}{2} I\omega^2 \quad (\text{慣性モーメント } I, \text{ 角速度 } \omega)$$

で表され，慣性モーメントが大きいほど，また角速度が大きいほど回転エネルギーが大きい．並進の運動エネルギーと同じく，回転エネルギーをもたせるには，外からそれに相当する仕事をすればよい．物体が大きさを考えない質点の場合（理想気体など）は，運動エネルギーといえば**並進の運動エネルギー**だけを考えれば十分であるが，物体に大きさがある場合（酸素分子 O_2 などの実在気体），この他に，**回転エネルギー**や**原子間の振動エネルギー**など，運動に応じて力学的エネルギーを考えなければならないことにも注意しよう．

例題 6　壁に向かって垂直に速度 v[m/s] で走る質量 m[kg] の小球がある．小球が壁と完全弾性衝突をするとき，

(1) 衝突後の小球の速度はいくらか？
(2) 1 回の衝突で壁が小球に及ぼす力積はいくらか？

◆解答と解説

(1) 完全弾性衝突であるから，速度 v[m/s]で衝突後の速度は $-v$[m/s].

(2) 運動量の変化は，$-mv - mv = -2mv = F\Delta t$

これが，壁が小球に及ぼす力積に等しい．壁が小球に及ぼす力は $F = \dfrac{-2mv}{\Delta t}$ とマイナスがつくので，速度 v と逆方向である．

逆に，小球が壁に及ぼす力は，作用反作用の関係から $F = \dfrac{2mv}{\Delta t}$，速度 v と同じ方向である．

例題7 滑らかな水平面上で静止する小球 A がある．ここに同じ平面上を速度 v[m/s]で運動する同じ質量の小球 B が完全弾性衝突し，図のように跳ね返った．衝突後の v_A，v_B の速度，を求めよ．

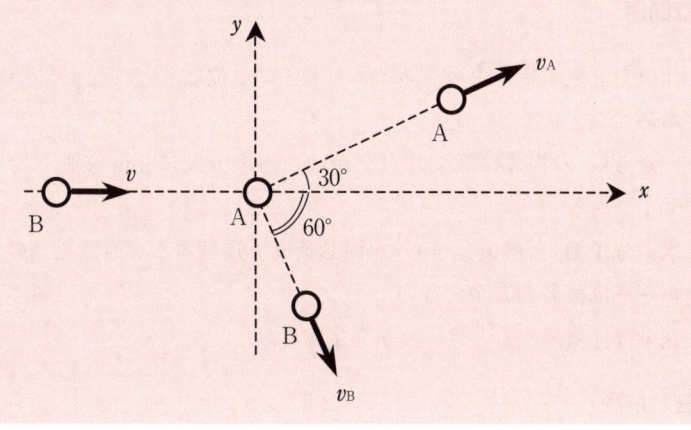

◆解答と解説

運動量保存則により，衝突の前後で x 方向，y 方向の運動量は変わらない．小球の質量を m[kg]とすれば，

x 方向　　$mv_A \cos 30° + mv_B \cos 60° = mv$
y 方向　　$mv_A \sin 30° - mv_B \sin 60° = 0$

したがって，$\dfrac{\sqrt{3}}{2}v_A + \dfrac{1}{2}v_B = v$ … ①　　$\dfrac{1}{2}v_A - \dfrac{\sqrt{3}}{2}v_B = 0$ … ②

①，②の連立方程式をとけば，$v_A = \dfrac{\sqrt{3}}{2}v$[m/s]，$v_B = \dfrac{1}{2}v$[m/s]となる．

2粒子の衝突におけるこの考え方は，コンプトン散乱での考察などに使われる．

1.4 および 1.5 節のキーワード

□ 仕事　　　　　　　□ 運動エネルギー　　　□ 位置エネルギー
□ 力学的エネルギー保存則　□ 運動量　　　　　　□ 力積
□ 運動量保存則　　　　□ 反発係数

1.4 および 1.5 節のまとめ

① 仕事を説明でき，仕事と運動エネルギー，位置エネルギーの関係を説明できる．
② 力学的エネルギー保存則を説明できる．
③ 運動量と力積，運動量保存則を説明できる．

◆確認問題

1) 仕事や位置エネルギー，熱エネルギーの単位は，どれも J（ジュール）である．
2) 質量 5 kg の物体に 3 N の力をかけ，力の方向に 4 m 移動した．仕事は 60 J である．
3) 水素分子 H_2 と酸素分子 O_2 が同じ速度で運動するとき，並進の運動エネルギーは後者の方が大きい．
4) 完全弾性衝突するとき，熱が発生する．

◆解答と解説

1) ○

2) ×　仕事 = 力 × 移動距離 = 3 N × 4 m = 12 N m = 12 J

3) ○　質量が大きく，運動エネルギー $\frac{1}{2}mv^2$ が大きい．

4) ×　衝突前後で運動エネルギーの損失はないので，熱エネルギーを生むこともない．

1.6 章末問題

問1 水平面と角度 θ をなす斜面上に静止している質量 m の物体についての問に答えなさい．ただし，重力加速度の大きさを g とする．

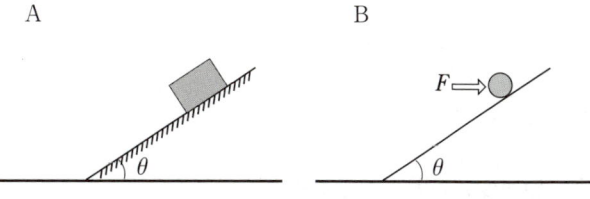

(1) 図Aのように，粗い斜面上に物体が静止しているとき，物体に働いている力を図示せよ．

(2) 図Bのように，なめらかな斜面上の物体に対して水平方向の力 F を加えて物体を静止させた．このとき，力 F の大きさを求めなさい．また，物体が斜面から受ける垂直抗力の大きさを求めなさい．

問2 図のように，軽いひもで繋がれた質量 M [kg] の物体Pと質量 m [kg] の物体Qが斜面上に乗っている．物体Pが乗っている斜面は粗く，物体Bが乗っている斜面はなめらかであるとする．物体Pと粗い斜面の間の静止摩擦係数を μ とするとき，2つの物体が静止するために物体Qの質量 m が満たすべき範囲を求めなさい．ただし，重力加速度の大きさを g [m/s^2] とする．

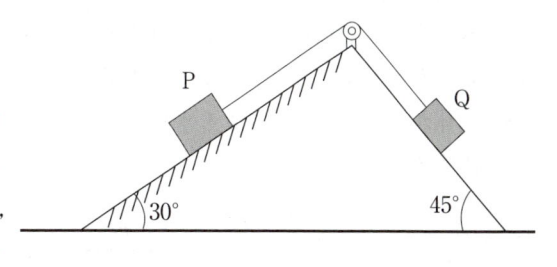

問3 図のように，質量 m の一様な棒の端点A に軽いひもをつけ壁の点C につなぎ，棒の端点Bを粗い壁に押し付けたところ，棒は水平の状態で静止した．このとき，棒とひものなす角が θ であった．重力加速度の大きさを g とし，以下の問に答えなさい．

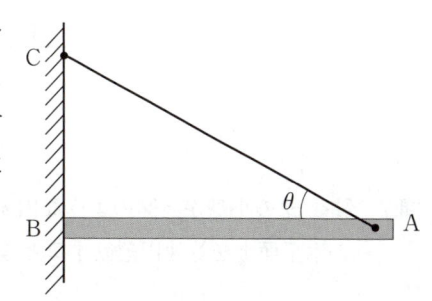

(1) 点Bで棒が壁から受ける摩擦力の大きさを求めなさい．
(2) 点Bで棒が壁から受ける垂直抗力の大きさを求めなさい．
(3) 棒を引くひもの張力の大きさを求めなさい．

問4 x-y 平面を運動する質量 4.0 kg の小物体A の時刻 t [s] における位置ベクトル $\vec{r}$ が次のように表された．
$$\vec{r} = (-2t^2 + 3,\ t^2 - 4t)$$

(1) $t = 2.0$ s におけるAの速さを求めなさい．
(2) Aに生じている加速度 $\vec{a}$ を成分表示で示しなさい．
(3) Aに働く力の大きさを求めなさい．

問5 水平で粗い台の上に質量 M [kg] の物体Aを置き，軽い糸をつけ台の端の滑車を介して質量 m [kg] の

物体Bに繋いだところ，2つの物体は加速度 a[m/s²] で運動した．物体Aと粗い台との間の動摩擦係数を μ' とし，重力加速度を g[m/s²] として，以下の問に答えなさい．

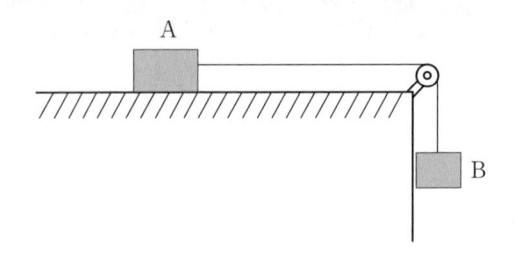

(1) 加速度 a の大きさを求めよ．
(2) ひもの張力 T を求めよ．

問6 水平面から h の高さにある点から，水平方向に初速度 v_0 で発射された質量 m の物体が，距離 L だけ離れた点Bに 45° の角度で落下した．重力加速度を g とし，以下の問に答えよ．

(1) 水平面に落下した瞬間の物体の速さは v_0 の何倍か．
(2) 物体が水平面に落下するまでの時間を v_0 を用いて表せ．
(3) 物体が発射された高さ h を求めよ．
(4) 距離 L を求めよ．

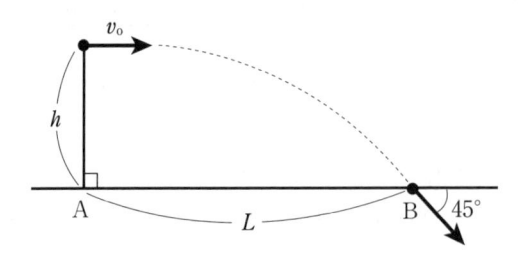

問7 質量 m の小球が，図のような円すいのなめらかな内面を回転している．小球が円すい頂点から高さ h の水平面上を等速円運動するとき，速さ v を求めなさい．ただし，重力加速度を g とする．

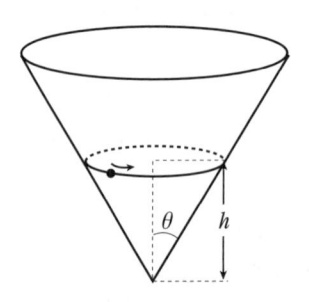

問8 水平でなめらかな台の上に質量 M[kg] の物体Aを置き，壁に固定したばね定数 k[N/m] のばねの一端をつけた．また，Aにつけた糸を台の端の滑車を介して質量 m[kg] の物体Bに繋いだ．物体Bを

つり合いの位置から少し下に引いて放すと物体は単振動した．このときの単振動の周期を求めなさい．

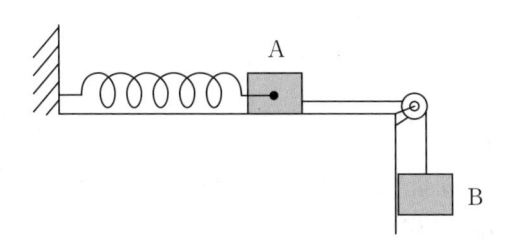

問 9 体重 60 kg の人が秒速 2 m/s で走っている．そこからさらに加速し，速度が 8 m/s になった．
(1) 加速中にした仕事はいくらか？
(2) この人を停止させるには，どれほどの仕事が必要か？

問 10 壁に向かって垂直に速度 6 m/s で走る質量 10 g の小球が，壁と非弾性衝突（反発係数 $e = 0.5$）し跳ね返った．衝突で小球が失った運動エネルギーがすべて熱に変わるとすれば，このとき発生する熱エネルギーはいくらか？

解答と解説

問 1

(1) 図のように，摩擦力が斜面上向きに働く．摩擦力は，物体にかかる重力と斜面からの垂直抗力の合力に等しい．

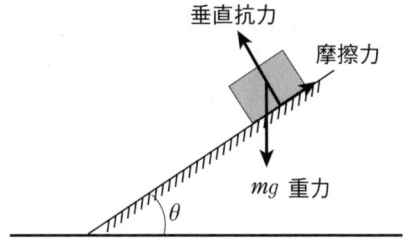

(2) 物体に加わる重力 mg と水平方向の力 F を斜面に平行な成分と垂直な成分に分解する．斜面に平行な方向の力のつり合いより，

$$mg \sin\theta = F \cos\theta$$

これより，$F = mg \tan\theta$

物体が斜面から受ける垂直抗力を N とし，斜面に垂直な方向の力のつり合いより，

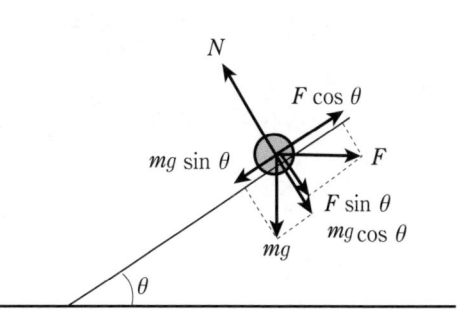

$$N = F \sin\theta + mg \cos\theta = mg(\sin\theta \tan\theta + \cos\theta)$$

問 2 $Mg\sin 30° > mg\sin 45°$ では摩擦力は斜面上方向に働く．このとき，2つの物体が静止するための m の最小値を $m_{\min}$ とすると，斜面水平方向の力のつり合いより，

$$Mg\sin 30° = \mu Mg\cos 30° + m_{\min}g\sin 45°$$

より，$m_{\min} = \dfrac{\sqrt{2}}{2}(1-\sqrt{3})M$

$Mg\sin 30° < mg\sin 45°$ の場合，摩擦力は斜面下方に働くので，2つの物体が静止するための m の最大値を $m_{\max}$ とすると，

$Mg\sin 30° + \mu Mg\cos 30° = m_{\max}g\sin 45°$ より，$m_{\max} = \dfrac{\sqrt{2}}{2}(1+\sqrt{3})M$

以上より，$\dfrac{\sqrt{2}}{2}(1-\sqrt{3})M \leqq m \leqq \dfrac{\sqrt{2}}{2}(1+\sqrt{3})M$

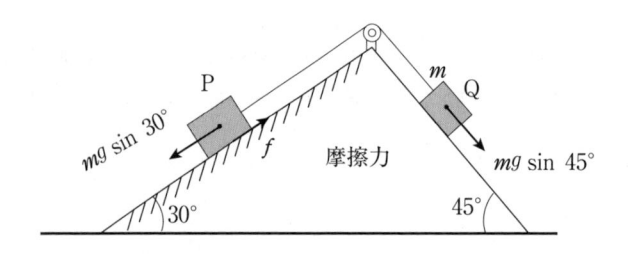

問 3 ひもの張力を T，点 B で棒が壁から受ける摩擦力を f，垂直抗力を N とおくと，
水平方向の力のつり合いより，$N = T\cos\theta$ ①
鉛直方向の力のつり合いより，$f + T\sin\theta = mg$ ②
棒の長さを L とし，点 A を回転の軸とした力のモーメントのつり合いより，

$$L \cdot f = \dfrac{1}{2}L \cdot mg \quad ③$$

③より，$f = \dfrac{1}{2}mg$

②に代入して，$T = \dfrac{mg}{2\sin\theta}$

③に代入して，$N = \dfrac{mg}{2\tan\theta}$

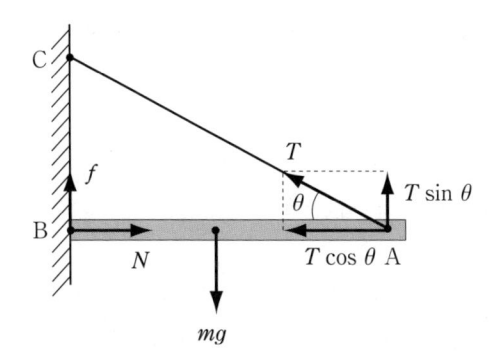

第 1 章　力とエネルギー

問 4　(1) 速度ベクトルは，位置ベクトルを時間 t で微分して

$$\vec{v} = \frac{d\vec{r}}{dt} = (-4t,\ 2t-4)$$

$t = 2.0$ のとき，$\vec{v} = (-8.0,\ 0)$　$|\vec{v}| = 8.0\ \text{m/s}$

(2) $\vec{a} = \dfrac{d\vec{v}}{dt} = (-4,\ 2)$

(3) $|\vec{a}| = 2\sqrt{5}$，$F = ma$ より，A に働く力の大きさは $4.0 \times 2\sqrt{5} = 8\sqrt{5}\ \text{N}$

問 5　(1) 物体 A，B についての運動方程式を書くと，

物体 A　$T - \mu' Mg = Ma$　①

物体 B　$mg - T = ma$　②

①，②より，

$$(m - \mu'M)g = (M + m)a \qquad a = \frac{(m - \mu'M)g}{M + m}$$

(2) $a = \dfrac{(m - \mu'M)g}{M + m}$ を②に代入して，

$$T = \frac{1 + \mu'}{M + m} Mmg$$

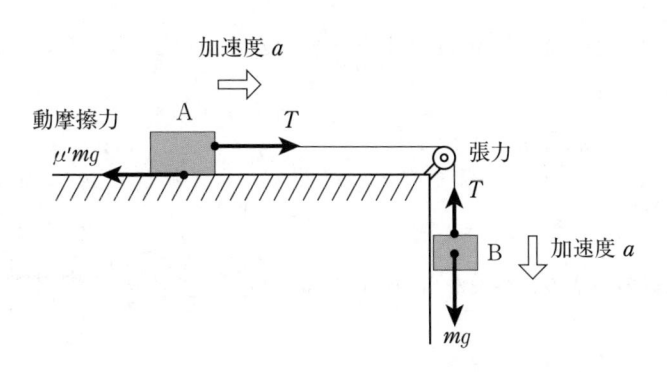

問 6 (1) 物体が水平面に落下したときの速度を $\vec{v}$ とし，その水平方向，鉛直方向の成分をそれぞれ v_x, v_y とすると， 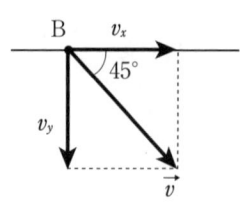
$$v_x = v_0 = |\vec{v}| \cos 45°$$
したがって，$|\vec{v}| = \sqrt{2}\, v_0$

(2) 物体の鉛直方向（y 方向，上向きを正とする）における速度成分を表す式は，
$$v_y = -gt$$
物体が水平面に落下したとき，$v_y = |\vec{v}| \sin 45° = v_0$ より，
$$v_0 = gt$$
$$t = \frac{v_0}{g}$$

(3) 物体の鉛直方向（y 方向，下向きを正とする）における位置を表す式，
$$y = -\frac{1}{2}gt^2 + h \text{ に } t = \frac{v_0}{g},\ y = 0 \text{ を代入して，}$$
$$h = \frac{v_0^2}{2g}$$

(4) 物体の水平方向（x 方向）における位置は $x = v_0 t$
$$t = \frac{v_0}{g} \text{ を代入して，}$$
$$L = \frac{v_0^2}{2g}$$

問 7 小球が円すい内面から受ける垂直抗力を N とすると，鉛直方向の力のつり合いより， 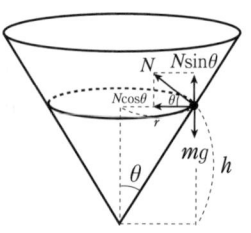
$$N \sin \theta = mg$$
$$\therefore N = \frac{mg}{\sin \theta}$$

したがって，円運動の向心力 $N \cos \theta$ は $\dfrac{mg}{\tan \theta}$ となる．また，円運動の半径 $r = h \tan \theta$ より，
$$\frac{mg}{\tan \theta} = m \frac{v^2}{h \tan \theta}$$
よって，$v = \sqrt{gh}$

問 8 つり合いの位置のバネの自然長からの伸びを x_0 [m] とすると， 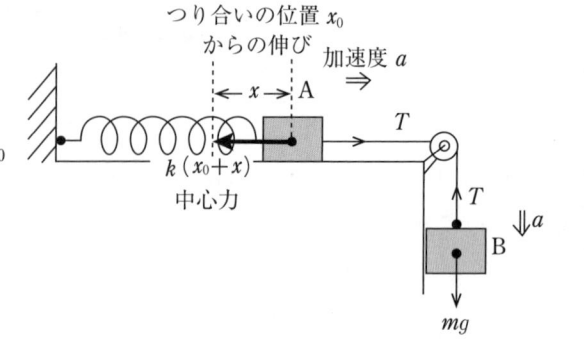
$$kx_0 = mg$$
より，$x_0 = \dfrac{mg}{k}$ ①

バネがつり合いの位置よりさらに x[m]伸びているとき,ひもの張力を T[N],物体 A と B の加速度を a[m/s²]として運動方程式を書くと,

物体 A：$T - k(x_0 + x) = Ma$　②

物体 B：$mg - T = ma$　　　③

①, ②, ③より,

加速度 $a = -\dfrac{k}{M+m}x$

これが単振動の加速度 $-x\omega^2$ と等しいので,

$\omega = \sqrt{\dfrac{k}{M+m}}$

単振動の周期 $T = \dfrac{2\pi}{\omega} = 2\pi\sqrt{\dfrac{k}{M+m}}$ [s]

問 9

(1) 初めの運動エネルギーは　$\dfrac{1}{2}mv^2 = \dfrac{1}{2} \times 60\,\text{kg} \times (2\,\text{m/s})^2 = 120\,\text{J}$

加速後の運動エネルギーは　$\dfrac{1}{2}mv^2 = \dfrac{1}{2} \times 60\,\text{kg} \times (8\,\text{m/s})^2 = 1920\,\text{J}$

した仕事は運動エネルギーの増加量に等しく,$1920\,\text{J} - 120\,\text{J} = 1800\,\text{J}$

(2) 止めるには,運動エネルギーに等しい仕事をすればよい.$1920\,\text{J}$

問 10

反発係数 $e = 0.5$ より,衝突後の小球は壁から離れる向きに 3 m/s の速度となる.

衝突前の運動エネルギーは　$\dfrac{1}{2}mv^2 = \dfrac{1}{2} \times 0.01\,\text{kg} \times (6\,\text{m/s})^2 = 0.18\,\text{J}$

衝突後の運動エネルギーは　$\dfrac{1}{2}mv^2 = \dfrac{1}{2} \times 0.01\,\text{kg} \times (3\,\text{m/s})^2 = 0.045\,\text{J}$

衝突で失う運動エネルギーは,$0.18\,\text{J} - 0.045\,\text{J} = 0.135\,\text{J}$
これが衝突で発生する熱エネルギーである.

第 2 章

熱と温度

物質に熱を加えると，その物質の温度は上昇する．物質どうしをこすり合わせると摩擦によっても熱を生じ，温度が上昇する．また，太陽光にさらすことでも物質の温度は上昇する．一方，高温の物質を低温の物質に接触させると，やがて両者の温度は一定になる．このように熱はわたしたちの身近な現象において必ず登場する概念である．また，薬学の世界でも，医薬品と熱は切っても切り離せない関係がある．例えば，医薬品を合成するさいにも反応の温度によって収率が低下したり，不純物の生成が増えるなどのことがある．医薬品の保管時の安定性も温度によって大きく変化することがあり，医薬品にはすべて「貯法」が定められている．

この章では熱について学ぶとともに，熱をエネルギーという概念から整理する．

日本薬局方

わが国には医薬品の性状および品質の適正を図るための公定書として，日本薬局方が定められている．薬局方は明治20年に初めて施行され，その歴史は100年を超える．薬局方に収載された医薬品には，品質を保持するための保存方法を「貯法」として規定している．貯法には温度（室温，冷所，別途定めた温度範囲など），遮光の要否などが規定されている．また，医薬品やその剤形ごとに容器（固形異物の侵入がなく内容医薬品の損失のない「密封容器」，固形または液状異物の侵入がなく内容医薬品の風解，潮解，蒸発などを防ぐ「気密容器」，気体の進入がない「密閉容器」）の規定もある．

2.1 熱とは

冬の寒い朝，陽射しの差し込んだ部屋に入ると，暖かいと感じ，直接太陽光を浴びると，さらに暖かいと感じる．これは，太陽光によって室内の空気が暖められ，さらに，太陽光によっても皮膚が暖められことによって，暖かさを感じる．この空気が暖められるということについて考えてみる．目には見えないが，空気を構成する窒素分子や酸素分子などは，分子が激しく乱雑に運動している．例え

ば，煙が不規則な運動をしながら立ち上っていくのは，煙の粒子が乱雑な運動をしている空気の分子と衝突しながら上っていくためである（これをブラウン運動という）．この分子の乱雑な運動のことを**熱運動**といい，分子が暖められると熱運動は激しくなり，逆に分子が冷やされると，熱運動の速度は遅くなる．つまり「**熱**」とは，物体に与えられたり，物体から奪われたりする熱運動のエネルギーのことを指し，そのエネルギーの量を**熱量**という．

　気体分子に認められる熱運動は液体においても同じように起こっており，液体を温めたり冷やしたりすることで，液体分子の熱運動の激しさは変わる．一方，固体の場合には原子や分子同士が強く結合しているために自由に運動することはできないが，熱を加えると振動が激しくなり，気体や液体と同じように熱運動をしていることに変わりない．

　この原子や分子の熱運動によって，さまざまな熱現象を説明することができる．太陽光により暖められた空気を暖かいと感じるのは，空気を構成する分子の熱運動のエネルギーが増加したことを暖かいと感じるからである．熱運動を測るには，エネルギーの流れやエネルギーの変化をとらえればよく，一般的には温度変化や熱量変化などとして測定する．

2.1.1　温　度

日本薬局方での温度の規定
　薬局方の通則の中には，試験または保存に用いる温度が細かく規定されている．別に規定する場合を除き，標準温度は20℃，常温は15～25℃，室温は1～30℃，微温は30～40℃と定められている．他にも，冷所は1～15℃の場所と示されている．

　暖かさや冷たさの感じ方はヒトによって異なるため，客観的な数値で表す必要がある．一般的な尺度として温度が用いられ，わたしたちの生活でも何の気なしに使っているが，物理的にみると，温度とは熱運動の激しさを表す物理量として定められている．

1　セ氏温度

　温度の表記にはいくつかあるが，わが国においては，**セルシウス温度**（セ氏温度，単位記号℃）が一般的に用いられる．セルシウス温度は，スウェーデンの天文学者セルシウスが考案したもので，1気圧のもとで水の融点を0℃，沸点を100℃とし，その間を100等分した目盛りで表される．セルシウスの中国語表記が「摂修」であることより，摂氏温度とも表記する．

> **コラム** 華氏温度
>
> ドイツ人の物理学者ファーレンハイトが1714年に考案したもので，当時人間がつくることのできる最低温度を0（氷と塩化アンモニウムの混合物で約−18℃），人間の体温を96として96等分したもの．華氏温度は人間を尺度にしたもので，100を超えると危険であるということを示している．ファーレンハイトの中国語表記が「華倫海」であることから華氏温度（°F）と表記する．日本を含むアジアやヨーロッパでは現在，SI単位（国際単位）の℃が使われているが，アメリカ，カナダでは未だに華氏温度が使われている．摂氏温度と華氏温度の関係は以下の式で表される．
>
> $$f[°F] = \frac{9}{5} t[℃] + 32$$
>
> $$t[℃] = \frac{5}{9}(f[°F] - 32)$$
>
> なお，華氏温度における絶対零度は−459.67°Fとなる．華氏温度スケールを絶対零度まで延長した温度目盛りとしてランキン温度（単位記号 °R）が定められているが，あまり使われることはない．

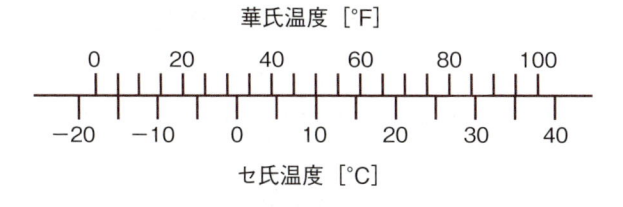

2　絶対温度

熱運動の激しさを表す物理量として温度を定めたが，温度をどんどんと低くしていくと，原子や分子が熱運動をしなくなる温度が存在し，−273℃（正確には−273.15℃）より低い温度はないことが知られている．この温度を基点（絶対零度）とした温度目盛りが考案され，**絶対温度**（単位記号 K（ケルビン））と名付けられた．絶対温度 $T[K]$ とセ氏温度 $t[℃]$ の間には以下の関係が成り立つ．

$$T[K] = t[℃] + 273$$

3　温度計

温度計には，温度を測定しようとする物体に接触させて使用する接触式のものと，物体から出る電磁波の強さや波長分布から温度を測る放射式のものがある．接触式のものには，アルコールや水銀を封入した液体封入ガラス温度計，金属の熱膨張を利用したバイメタル温度計，電気抵抗が温度によって変化することを利用した電気抵抗温度計のほか，気体温度計，熱電温度計などがある．放射式のものには，鼓膜温の熱放射（赤外線）の量を赤外線検出器で測定する耳式体温計などがある．

液体封入ガラス温度計は液体の体積が熱によって変化することを利用したものであるが，液体の種類によって体積変化が異なることや，さらには1℃ごとの体積膨張率も等しくない（図2.1）ため，**アルコール温度計**と**水銀温度計**の目盛りの付け方は異なる．

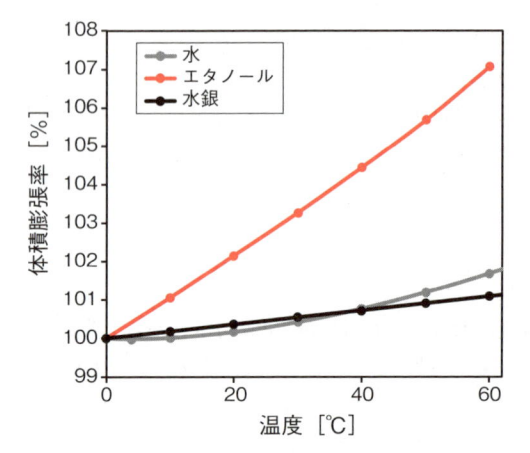

図2.1　体積膨張の温度依存性

> 日本薬局方に収載された医薬品は，品目ごとに定められた規格を満たさなければならない．日本薬局方における試験には，通例，浸線付温度計（棒状）または日本工業規格の全没式水銀温度計（棒状）の器差試験を行ったものを用いる．ただし，凝固点測定法，融点測定法（第1法），沸点測定法および蒸留試験法には浸線付温度計（棒状）を用いる．

ヒトの体温は外郭温度（皮膚温，体表面温）とまわりの環境の影響を受けにくい核心温（深部体温）とに区別されるが，通常はわきの下や舌の下などの外郭温度を測定する．水銀体温計は，体積膨張率の温度変化が少ないこと，平衡温度を維持する時間が比較的長いなど，体温を正確に計るための利点は多いが，環境汚染の問題があるため，利用が減ってきている．最近では温度に敏感に反応する抵抗体（サーミスタ）を利用した電子体温計が多く用いられる．また，空港などでは，人体表面からの熱放射を測定し，温度分布を画像化するサーモグラフィーが用いられ，海外からの病原体等の侵入を未然に防いでいる．

> **水銀の使用制限について**
>
> 世界保健機関（WHO）は，「水銀に関する水俣条約」の趣旨を踏まえ，水銀を使った体温計と血圧計の使用を2020年までにやめるべきだとする指針をまとめて発表している．水俣条約では，水銀による健康被害や環境汚染を防ぐため，水銀鉱山の新たな開発を禁じ，既存の鉱山も発効後15年以内に採掘を禁止．また，体温計や血圧計，電池，蛍光灯，化粧品など9種類の水銀含有製品の製造，輸入，輸出について，2020年までの原則禁止を定めている．途上国にはさらに10年間の延長が認められているが，電子式体温計などに切り替える施策を盛り込むよう求めている．

2.1.2　比熱と熱容量

1　熱量の単位

物体に熱を加えると熱運動のエネルギーが増加し，このエネルギーの量のことを**熱量**といったが，熱量の単位には仕事と同じ単位，ジュール（記号J）を用いる．これは，後述のようにジュールによって仕事が熱に変わることを見出したことによる．

2　比　熱

同じ質量のものであっても，物質によって熱量を加えたり奪ったりしたさいの温度変化は異なる．例えば，水は温めにくく冷めにくい性質をもっていて，お風

呂や湯たんぽは温めるために多くの熱量を必要とするが，一度温めると，長い時間温度が一定に保たれる．また，海水は地面より熱されにくいため，同じ太陽光を浴びても地面より温度変化が少ないが，お風呂や湯たんぽと同様，一度温められた海水が長い時間温度が一定に保たれるため，日照時間の最も長い夏至（6月20日ごろ）より，7月，8月の方が気温は高くなる．

　1gの物質の温度を1Kだけ上昇させるのに必要な熱量を**比熱**という．質量m[g]の物体の温度をΔT[K]だけ上昇させるのに必要な熱量がQ[J]であるとき，比熱cは，

$$c = \frac{Q}{m\Delta T}$$

単位[J/g K]で表される．つまり，比熱c[J/g K]の物質でできた質量m[g]の物体の温度をΔT[K]だけ上昇させるのに必要な熱量Q[J]は，

$$Q = mc\Delta T$$

で表される．この式から，比熱が大きい物質ほど，同じ熱量で温まりにくく，冷めにくいことがわかる．いろいろな物質の比熱の例を表2.1に示す．

表2.1　物質の比熱

物質名	比熱 [J/g K]
水	4.2
氷	2.1
アルミニウム	0.90
鉄	0.44
銅	0.39
木材	1.25
空気	1.0
コンクリート	0.84

3　熱容量

　比熱は単位質量当たりの物質について用いたが，実際の多くの物質は混合物であり，質量も異なることが多いため，同じ温度変化をさせるにも，物質によって必要な熱量が異なる．そのため，物質の温度を1Kだけ上昇させるのに必要な熱量を考え，それを**熱容量**と呼ぶ．ある物体の温度をΔT[K]だけ上昇させるのに必要な熱量がQ[J]であるとき，熱容量Cは，

$$C = \frac{Q}{\Delta T}$$

単位[J/K]で表される．つまり，熱容量C[J/K]の物質でできた物体の温度をΔT[K]だけ上昇させるのに必要な熱量Q[J]は，

$$Q = C\varDelta T$$

で表される．なお，比熱 c [J/g K] の1種類の物質だけでできた m[g]の物体の熱容量は，

$$C = mc$$

で表される．熱容量は英語で *heat capacity* と表すことから大文字の C を用いるが，それと区別するため，比熱は小文字の c を用いている．

単位質量当たりではなく，物質 1 mol 当たりの熱容量も定義されており，モル熱容量 C_m と呼ばれている．

2.1.3 熱量の保存

1 熱平衡

図 2.2 に示すように，高温の物体と低温の物体を接触させると，高温の物体から低温の物体へ熱運動のエネルギーが移動する．その結果，高温の物体の温度は低下し，低温の物体の温度は上昇して，やがて両者の温度は一定となる．両物体で熱運動のエネルギーの移動がなくなる状態を**熱平衡**という．

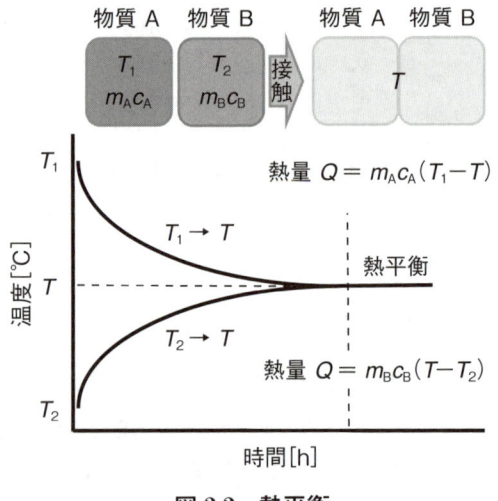

図 2.2 熱平衡

2 熱量の出入り

図 2.2 において，物質 A の質量を m_A[g]，比熱を c_A [J/g K]，物質 B の質量を m_B[g]，比熱を c_B[J/g K] とし，物体 A および物体 A の最初の温度がそれぞれ，T_1[K]，T_2[K] であったとき，両者を接触させると T[K] で熱平衡に達した

とする．熱の移動は両物質間のみとし，大気中に逃げた熱がないとすると，物質Aから

$$Q = m_A c_A (T_1 - T)$$

の熱量が移動し，物質Bには

$$Q = m_B c_B (T - T_2)$$

の熱量が入ってきたことになる．このとき，大気中に逃げた熱がないことから高温の物体から出た熱量は，低温の物体に入った熱量と等しくなる．つまり，

$$Q = m_A c_A (T_1 - T) = m_B c_B (T - T_2)$$

となる．この関係は**熱量の保存**を表しており，熱量保存の法則，**熱力学第 0 法則**ともいう．大気中に逃げた熱量がある場合や，容器に熱量の出入りがある場合には，それらの熱量の移動を含めたかたちで熱量は保存される．

なお，いったん熱平衡に達したものは，再び低温の物質と高温の物質に戻すことはできない（熱力学第 2 法則）．

3 対流による熱の伝わり

ストーブが燃えているとき，炎の上は常に熱く，炎によって熱せられた空気は軽くなり，上昇を始める．この空気の上昇によって循環しながら熱を伝えている．気体や液体が循環しながら熱を伝えて全体が暖められる現象を自然対流という．一方，ファンなどを用いて強制式に空気を送ることを強制対流という．一般に，強制対流の方が熱の移動は大きくなる．

単位時間に移動する熱 $Q\,[\mathrm{W}]$ は，対流する分子の温度（T_f）と対流させる面の温度（T_i）の差と，面の表面積に比例する．つまり，表面積を $A\,[\mathrm{m}^2]$ とすると，

$$\frac{dQ}{dT} = hA(T_f - T_i)$$

で表される．ここで，h は対流熱移動係数と呼ばれており，材質や面の形状などによって異なる．

4 放射による熱の伝わり

ストーブが燃えているとき，炎の上だけでなく，真横にいても熱く感じる．これは，空気の対流だけでなく，火から出る光によって直接熱が伝わっているからである．この光による熱の伝わりを放射という．冬の寒い朝，陽射しの差し込んだ部屋に入ると，対流によって暖められた空気を暖かいと感じ，太陽光による放射によって，さらに暖かいと感じる．

一般に，温度のある物質は光を放出する．この放出は表面から起こるため，物

質の表面積 $A\,[\mathrm{m}^2]$ に比例する．また，物質のもつ温度（$T\,[\mathrm{K}]$）の4乗にも比例する．光を放出する物質は，同時にまわりの光を吸収することが知られており，周囲の温度が $T_0\,[\mathrm{K}]$ のとき，単位時間の放射のエネルギー $p\,[\mathrm{W}]$ は，

$$\frac{dp}{dt} = \sigma A e (T^4 - T_0^4)$$

で表される．ここで，σ は $5.67 \times 10^{-8}\,\mathrm{W/m^2\,K^4}$ であり，ステファン–ボルツマン係数と呼ばれる．また，e は放射率と呼ばれ，人間の皮膚の放射率は 0.95（300 K）である．温度が周囲の温度と等しいときには，放出した光と吸収した光がつりあってエネルギーの放出はなくなる．黒色ほど放射率は高いため，黒い服は光を吸収しやすく，そのため熱を集めやすい．放出率が1の物質を黒体という．

5　内部エネルギー

　空気を構成する窒素分子や酸素分子などは，分子が激しく乱雑に熱運動していることはすでに学んだ．分子の運動によるエネルギーを並進運動エネルギーといい，分子がもっているエネルギーの1つである．それ以外にも2原子分子であれば，重心を中心とした回転をしており，分子は回転運動エネルギーをもっている．また，分子間には引力や反発力を及ぼしあって，固体や液体や気体の状態を保っているため，この力による位置エネルギーをもっている．これらの分子の運動によるエネルギーと位置エネルギー等をすべて加え合わせたものを**内部エネルギー**と呼ぶ．

　気体の場合，分子どうしが離れているため，分子間の引力や反発力は非常に小さなものとなり，分子間に働く力による位置エネルギーは無視できる．

　物体の温度が高くなればなるほど，分子の熱運動は激しくなるため，内部エネルギーも大きくなる．このように，内部エネルギーは熱（あるいは温度）と深く関係している物理量として扱われる．

2.1 節のキーワード

□ 熱量　　　□ 絶対温度　　　□ 熱容量　　　□ 内部エネルギー

2.1 節のまとめ

① 熱とは物体に与えられたり，物体から奪われたりする熱運動のエネルギーのこと．

② 絶対温度とは絶対零度を原点とした温度目盛りのことで，0 K は −273 ℃．

③ 熱容量とはある物体全体を1 K 上げるのに必要な熱容量のこと．一方，比熱は1 g の物質を1 K 上げるのに必要な熱量のこと．

2.2　仕事とエネルギー

　手のひらどうしをこすると，摩擦によって熱を生じ，暖かさを感じる．仕事が熱に変わることは誰もが子供の頃から知っていることではあるが，蒸気機関が産業に利用されはじめた 18 世紀の終わりころ，初めて仕事と熱についての科学的な解明がなされた．例えば，イギリスのランフォードは，大砲の砲身を削るさい大量の熱の発生があることに着目し，詳細な実験によって金属を削るという力学的仕事のみで熱が発生していることを明らかにした．では，なされた仕事と発生した熱にはどのような関係があるのだろうか．また，逆に熱が仕事に変わることはあるのだろうか．

2.2.1　仕事による熱の発生

　イギリスのジュールはなされた仕事が熱運動のエネルギーに変わる場合の量的な関係について図 2.3 のような実験を行った．その結果，おもりが落下することで容器の中の液体を羽根車がかき回し，それによって，重力のした仕事が熱に変わり，液体の温度を上げることを明らかにした．すなわち，仕事はすべてを熱に変えることができ，これを熱が仕事と等価であるという．

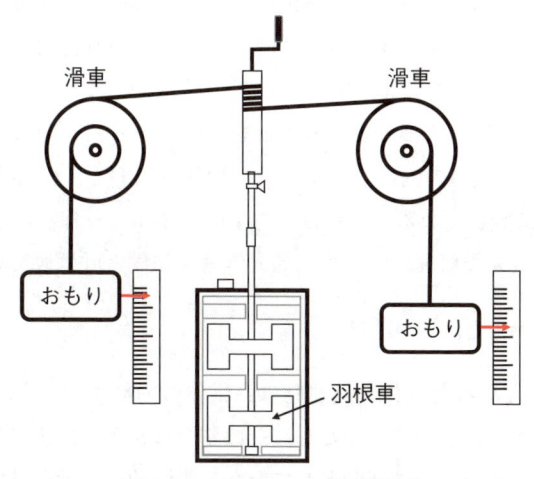

図 2.3　ジュールの実験装置

> **コラム**
>
> 　かつては，熱を一種の物質として見なし，物質が燃焼したさいに熱が出る現象は「燃素（フロギストン）」という物質が出ることで説明されていた．しかし，金属が燃えると，燃素が出ることによって金属は軽くなるはずだが，実際には重くなることなど説明できない現象が出てきた．その後，「熱」は光や電気と同様の不可秤量物として考え，「熱素（カロリック）」という物質として存在するという説が出てきた．熱素を多くもつほど燃焼による温度は高くなり，熱素が移動することで熱が伝わっていく，と考えた．しかし，ランフォードによって明らかにされたように，物を擦ればいくらでも摩擦熱が出じることや，熱が全く形の異なる仕事に変わることなどがわかってきて，熱素説も否定された．熱の正体がわかるまでの間，このような様々な説が生まれていた．
>
> 　熱の単位としてカロリー（記号 cal）が広く用いられていたが，現在では，食物または代謝の熱量の計量のみに使用されている．ジュールの実験において，重力によるおもりの位置エネルギーの変化分から求めた仕事量 W[J]と，羽根車の回転によって上昇した液体の温度変化と比熱から生じた熱量 Q[cal]を比較すると，液体の種類によらず仕事量 W と熱量 Q の比は一定であり，
>
> $$\frac{W}{Q} = 4.2 \text{ J/cal}$$
>
> となる．これを**熱の仕事当量**という．

2.2.2　熱から仕事への転化

　シリンダーとピストンでできた空間内に閉じ込めた気体を加熱すると，熱によるエネルギーによって気体の熱運動が激しくなり，温度が上昇する．それと同時に，気体の熱運動の一部が気体を膨張しようとしてピストンを動かそうとする（図 2.4）．つまり，熱が仕事に変わることを示している．一般に，気体に加えられた熱量 Q[J]は，気体の内部エネルギーの増加 ΔU[J]と，気体が外側にした仕事 W[J]との和に等しくなる．これは，力学的エネルギー保存の法則と同様，物理学のもっとも重要な原理の一つで，**熱力学第 1 法則**と呼ばれている．

$$Q[\text{J}] = \Delta U[\text{J}] + W[\text{J}]$$

　熱されて激しくなった気体の熱運動は，気体の内部エネルギーの増加と外側にする仕事のいずれにも働く．ただし，その割合は一義的に決まるものではなく，気体分子の不規則な運動が熱運動として働き，規則的な運動が外側にする仕事として働く，と考えられている．

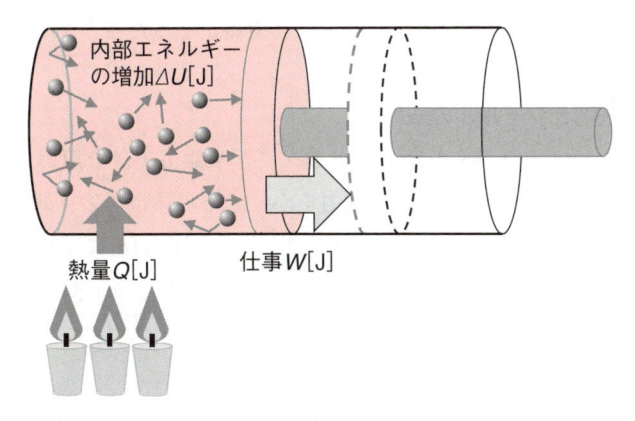

図 2.4　熱力学第 1 法則

2.2.3　気体の熱的性質

1　気体の圧力

空気を構成する窒素分子や酸素分子などは，分子が激しく乱雑に熱運動しているが，その力はどのくらいだろう．気体を風船やシリンダーなどの容器に入れた場合を考えてみると，容器の内部は常に気体分子の衝突を受けている．言い換えると，気体は物体の表面を常に垂直な向きに押し続けている．気体分子 1 個当たりの力は瞬間的で非常に弱いものであるが，気体 1mol 当たりの分子の数は 6.02×10^{23}（個）（アボガドロ数）と，とても多く，それぞれの分子が絶え間なく物体に衝突しているので，気体分子が物体の表面を押す力は持続的で強い力となる．

気体が物体の表面を垂直に押す単位面積当たりの力を **気体の圧力 p** といい，気体が F[N] の力で面積 S[m^2] の表面を押しているときの気体の圧力 p とには，

$$p = \frac{F}{S} \,[\text{N/m}^2] \text{ または } [\text{Pa}]$$

の関係がある．圧力の単位は N/m^2 となるが，これをパスカル（記号 Pa）と呼ぶ．

地球上においては，容器の中から物体を押し続けているのと同時に外からも大気によって押し続けられており，容器の内外が同じ大気の場合には，容器の内側と外側の力はつりあっている．

2　気体の状態方程式

着色した気体やにおいのある気体を除き，ふつうは気体を感じることはない．熱された気体や冷やされた気体なども目には見ることはできないが，熱運動の移動によって，温度としてとらえることができることはすでに学んだ．それでは，

大気圧

大気による圧力は大気圧という．大気圧は標高や気温によって変化するので，海面の高さにおいて気温 0 のときの大気圧の平均的な大きさを 1［気圧（記号 atm）］と定義している．大気圧の大きさは水銀柱を 760 mm の高さまでもち上げることから，水銀の密度 13,595 kg/m^3 を用いて，$p = \rho g h = 13{,}595 \times 9.807 \times 0.76 = 101{,}325$ Pa と計算される．つまり，

$$1 \text{ atm} = 1.013 \times 10^5 \text{ Pa (N/m}^2\text{)}$$

となる．この値は，1 m^2 当たり 10 万 N，すなわち 1 万 kg 重（およそ 10 台の車が乗っているのと同じ圧力）を受けている．ただし，この圧力は四方から受けていて打ち消し合うため，ヒトが荷重（空気の重さ）を感じることはない．なお，天気予報ではヘクト（記号 h）という単位を用いて，1013 hPa（ヘクトパスカル）と呼んでいる．

気体の温度と体積や圧力との間にどのような関係があるだろうか．

1) ボイルの法則とシャルルの法則

1662 年，イギリスのボイルは，真空ポンプと水銀気圧計を用いて，気体の温度を変えないようにしながら気体に圧力をかけ，その体積変化を調べた．その結果，『温度が一定ならば，一定量の気体の体積(V)は圧力(p)に反比例する』という，**ボイルの法則**を発見した．これを表したのが図 2.5 で，一般式で表すと，

$$pV = 一定$$

となる．温度一定のもとで，圧力(p_1)で体積(V_1)の気体が，圧力(p_2)で体積(V_2)になったとすると，$pV=$ 一定より，

$$p_1 V_1 = p_2 V_2$$

の関係が成り立つ．

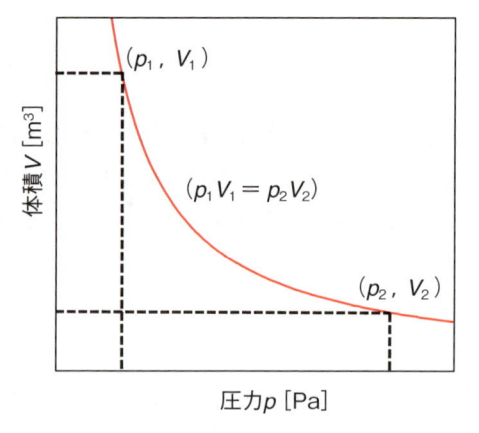

図 2.5 ボイルの法則

一方，1787 年，フランスのシャルルは，気体の圧力を変えないようにして熱膨張を研究し，『圧力が一定ならば，一定量の気体の体積(V)は，温度 t が 1 ℃ 上昇するごとに，0 ℃の時の体積 V_0 の 1/273 ずつ増加する』という**シャルルの法則**を発見した．

絶対温度を用いると，シャルルの法則は，『圧力が一定ならば，一定量の気体の体積(V)は絶対温度(T)に比例する』と表せる．これを表したのが図 2.6 で，一般式で表すと，

$$\frac{V}{T} = 一定$$

となる．圧力一定のもとで，絶対温度(T_1)で体積(V_1)の気体が，絶対温度(T_2)で体積(V_2)になったとすると，$V/T =$ 一定より

$$\frac{V_1}{T_1} = \frac{V_2}{T_2}$$

の関係が成り立つ．

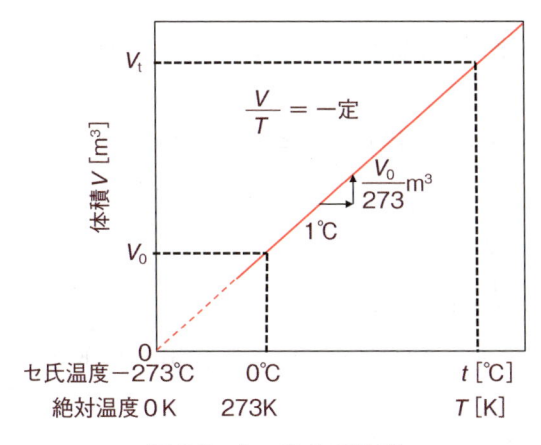

図 2.6　シャルルの法則

ボイルの法則とシャルルの法則は一つにまとめることができ，圧力を p，絶対温度を T，体積を V，定数を k とすると，次の式で表すことができる．

$$\frac{pV}{T} = k$$

すなわち，絶対温度 (T_1) で圧力 (p_1)，体積 (V_1) の気体が，絶対温度 (T_2) で圧力 (p_2)，体積 (V_2) になったとすると，

$$\frac{p_1 V_1}{T_1} = \frac{p_2 V_2}{T_2} = k$$

となり，これを**ボイル・シャルルの法則**と呼ぶ．

ボイル・シャルルの法則に従えば，気体の状態が決まってしまうと，圧力 (p)，体積 (V)，温度 (T) が一義的に決まってしまう．このように，系の状態が決まると，一義的に定まる量を**状態量**または**状態関数**と呼ぶ．

2) 理想気体の状態方程式

ボイル・シャルルの式にアボガドロの法則の『0℃，1 気圧のとき，気体 1 mol の体積は 22.4 L である．』という情報を代入すると，

$$\frac{p[\text{atm}] \times V[\text{L/mol}]}{T[\text{K}]} = \frac{1 \text{ atm} \times 22.4 \text{ L/mol}}{273 \text{ K}} = 0.082 \text{ L atm/K mol}$$

また，同様に，単位系を物理系にすると，

$$\frac{p[\mathrm{N/m^2}] \times V[\mathrm{m^3}]}{T[\mathrm{K}]} = \frac{1.03 \times 10^5\,\mathrm{N/m^2} \times 2.24 \times 10^{-2}\,\mathrm{m^3}}{273[\mathrm{K}]}$$

$$= 8.31\,\mathrm{N\,m/K\,mol}\ (= \mathrm{J/K\,mol})$$

となり，求められたこの定数を気体定数という．記号は R を用い，単位は[J/K mol]になる．

上で求めた気体定数は気体 1mol のときのものなので，これを n[mol]に一般化すると，

$$\frac{pV}{T} = nR$$

気体の状態方程式 $pV = nRT$

ここで，$R = 0.082\,\mathrm{L\,atm/K\,mol} = 8.31\,\mathrm{N\,m/K\,mol}\ (= \mathrm{J/K\,mol})$

こうして求めた公式が**気体の状態方程式**になる．

この関係に基づくと，気体の温度を下げていくと，どんどん体積が減り続けいずれ体積は 0 になってしまう．しかし，実際の気体は相変化を起こして，液体，もしくは，固体になってしまうため，この式は成り立たなくなる．そのため，(1)気体を構成する分子の大きさが無視できる，(2)気体を構成する分子間に働く力が無視できる，と仮定し，常に気体の状態方程式が成り立つような気体を**理想気体**と呼ぶ．

滅菌処理

医学や生化学では病原体などを死滅させる滅菌処理（高圧蒸気滅菌，オートクレーブ滅菌）が行われる．高圧蒸気滅菌は，通常，121℃，2気圧の高温・高圧の状態で 15〜20 分処理が行われる．また，医薬品のうち，注射剤，点眼剤，眼軟膏剤は無菌製剤である．これらの医薬品を製造する際には無菌的に調製しなければならないため，製造に用いる器具の滅菌方法の1つとしてオートクレーブが用いられている．培養に用いる培地の多くも高圧蒸気滅菌により無菌状態とする．

3) 実在気体の状態方程式

理想気体の状態方程式を変形すると，

$$\frac{pV}{nRT} = 1$$

となり，圧力と体積の積 pV を nRT で割れば，値は常に1となる．しかし，実際の気体は理想値の1とはかけ離れている．これは，実際の気体は，球形ではなく，体積を持ち，分子間力で引き合ったり反発したりするからである．実在の気体の状態を表す式として，**ファンデルワールスの状態方程式**，

$$\left(p + \frac{an^2}{V^2}\right)(V - nb) = nRT$$

がある．ここで，a と b は気体の種類に関係する定数である．この式は，実際の気体を表すためには，気体分子の実際の大きさ分と，気体分子間の引力（分子間相互作用）を加味し，圧力と体積の項を補正する必要があることを示している．

2.2.4 熱機関

気体の熱運動などを利用し，熱を仕事に変える装置を**熱機関**という．図 2.7 に

示すように，シリンダー内に蒸気の供給，冷却水の注入をくり返し，ピストンを駆動させる．18世紀の産業革命はまさにこの熱機関の発明によって起こった．最初は石炭によって水を水蒸気とし，その高温・高圧の気体を利用して仕事をする蒸気機関が主流であった．その後，重油，ガソリンなどによって水蒸気を得たり，あるいは直接燃焼させて得た熱を仕事に変える装置などが発明されていき，現在の熱機関に至っている．

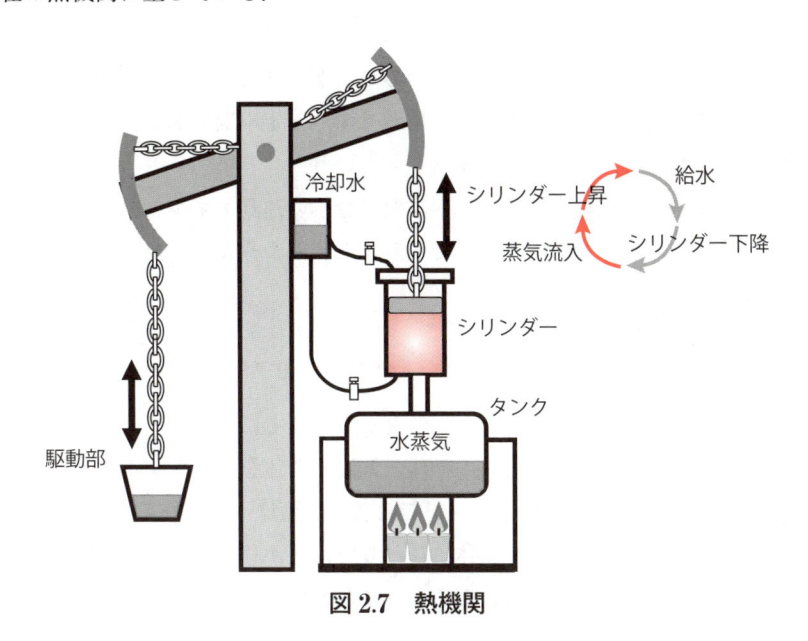

図 2.7　熱機関

　熱機関を利用するには，高温の物体から熱を受け取り，その一部を仕事として利用し，残りの熱を低温の物体へ放出して元の状態に戻し，そのサイクルを繰り返す必要がある．高温の物体から受け取った熱量を Q_1[J]，仕事をしたのち，低温の物体へ放出する熱量を Q_2[J] とすると，熱機関のする仕事 (W) は，$Q_1 - Q_2$ となる．熱機関に与えた熱量 Q_1[J] に対する仕事 W[J] の割合を熱効率 e[％] といい，

$$e = \frac{W}{Q_1} \times 100 = \frac{Q_1 - Q_2}{Q_1} \times 100 \, [\%]$$

で表される．式からもわかるように，熱機関の効率は，受け取った熱量 Q_1[J] と放出する熱量 Q_2[J] の差が大きければ大きいほど効率は良くなるが，放出する熱量を必要とするため，熱のすべてを仕事に変化させることはできない．代表的な熱機関の熱効率は，ピストン式蒸気機関で20％以下，ガソリン機関で25〜29％，ディーゼル機関で29〜35％程度と，半分以上の熱が無駄になっていることがわかる．現在では熱機関の排熱を利用し，熱機関による発電と，排熱を給湯や冷暖房に利用する分散型エネルギーシステム（コジェネレーション）なども利用されるようになっている．

2.2.5 エネルギーの変換と保存

　ジュールによって仕事が熱運動のエネルギーになることを定量的にとらえられた．また，熱機関によって熱を力学的エネルギーに変えることも可能である．それ以外にも発電機を使って，熱を電気エネルギーに変えることや，モーターによって電気エネルギーを力学的エネルギーに変えることもできる．エネルギーには色々な種類があり，それらは互いに変わることができる．しかも，どのような種類に変わっても，エネルギーの総量は増減せず，一定不変である．これを**エネルギー保存の法則**（または**熱力学第1法則**）という．

　このエネルギー保存の法則は，熱の本質が分子の運動エネルギーとして理解されるようになって熱を含めたかたちで一般化されるようになった．

2.2.6 不可逆変化

　温度の高い物体を放置しておくと，温度がひとりでに下がり，周囲の温度まで下がって一定となる．また，高温の物体と低温の物体を接触させると，高温の物体から低温の物体に熱が移動し，やがて両者の温度は一定になる（熱平衡）．ところが，低温の物体から高温の物体にひとりでに熱が移動し，低温の物体はより低温に，高温の物体はより高温になるようなことは起こらない．この逆向きに進行しない変化を**不可逆変化**という．

　このような熱の流れは，高い温度の系が外部に対してエネルギーを放出しながら冷却するという，ごく自然な現象として理解できるが，温度によってエネルギー利用の価値が異なるということで，不可逆的ということをより的確に理解することができる．すなわち，高い温度の熱は低い温度の熱よりも利用価値が大きく，低い温度の熱エネルギーに変わると，熱エネルギーの価値が下がり，いったん，利用価値の低い熱エネルギーに代わってしまうと，自発的に戻ることはできない，ということである．また，価値の下がった熱エネルギーがどれだけたくさんあっても，他のエネルギーに変えることはできない．この不可逆変化の向きを表す法則は**熱力学第2法則**と呼ばれている．

　この熱力学第2法則の例は他にもいろいろとある．物体をすべらせて床面を移動させると，摩擦による熱が発生し，運動のエネルギーが利用価値の低い熱のエネルギーに代わってしまい，物体は運動のエネルギーを失ってやがて停止する．また，水の入ったコップにインクを1滴垂らすと，インクはしばらく固まっているが，時間の経過とともに水全体に広がっていき，やがてコップの色は一様になる．この例では，インクどうしが引き合おうとするエネルギーより，インクが水へ拡散しようとするエネルギーの方が大きいため不可逆的にインクは水に分散する．これも熱力学第2法則の重要な特徴の1つである．

> **コラム**
>
> 　乱雑さの指標としてエントロピーという概念が用いられる．エントロピーを用いることで，乱雑さをエネルギーと同じように量で扱うことができる．熱力学第2法則は，エネルギーが利用価値の低い熱として不可逆的に外界に逃げるということを表しているが，同様に，外部とのエネルギーの出入りがない状態でも，乱雑さ（エントロピー）が増える方向へ不可逆的に変化することを表している．
>
> 　化学変化が起こる場合には反応熱の出入りが伴うのが一般的であるが，それと同時にエントロピーも変化する．化学反応におけるエントロピーは反応の可逆性と不可逆性について論じる場合に必要な物理量である．エントロピー以外にも化学変化に伴う熱力学的な物理量として，反応系のエネルギー状態（量）を示す内部エネルギー，反応前後で変化する気体の仕事量を加味したエネルギー差（反応熱）を示すエンタルピー，反応の自発性と最大仕事の指標となるギブズの自由エネルギーがある．これらの物理量は，温度や圧力，体積のように直接的に測定できないこともあって抽象的な概念ととらえられがちだが，薬学を学ぶうえでとても重要である．

2.2 節のキーワード

☐ 状態関数　　　☐ 理想気体　　　☐ 状態方程式　　　☐ 熱力学第1法則
☐ 熱力学第2法則

2.2 節のまとめ

① 熱力学第1法則とは熱におけるエネルギー保存則のことをいい，外力が気体に仕事 W をし，外部が気体に熱 Q を与えるとき，合計が気体の内部エネルギー U として増加する．

② 熱力学第2法則とはエネルギーの不可逆変化の向きを表す法則のことをいい，熱は高温物体から低温物体に移動し，その逆は自然には生じない．

③ 気体の状態方程式とは，圧力 p と体積 V と絶対温度 T の関係を表したもので，$pV = nRT$ の関係がある．n はモル数を表すが，1モルの気体における比例定数を気体定数 R という．

2.3　章末問題

問 1　25℃の室内温度，36℃の人の体温，100℃の沸騰水は，絶対温度では何 K か．

問 2　セ氏 36 度の人の体温は，華氏温度では何度か．

問 3　水の比熱を 4.2 J/g K とするとき，100 g の水の温度を 25℃から 60℃にするのに必要な熱量を求めよ．

問 4　質量 300 g の鉄製の容器に水が 200 g 入っている．鉄の比熱，水の比熱をそれぞれ，0.44 J/g K，4.2 J/g K とするとき，全体の熱容量はいくらか．

問 5　質量 50 g の銅製の容器に水 100 g を入れたところ，水温は 25.0℃になった．これに 100℃に熱した質量 80 g の金属球を入れ，よくかきまぜたところ，水温は 30.0℃で一定となった．銅の比熱，水の比熱をそれぞれ，0.38 J/g K，4.2 J/g K とするとき，金属球の比熱を求めよ．

問 6　人の皮膚温度はおよそ 34℃であり，体表面積は約 1.8 m^2 である．室温 20℃のとき，対流によって失われる熱量はいくらか．対流による対流熱移動係数を 6 W/m^2·℃とする．

問 7　人の皮膚温度はおよそ 34℃であり，体表面積は約 1.8 m^2 である．室温 20℃のとき，放射によって失われる熱量はいくらか．ステファン-ボルツマン係数 σ を 5.67×10^{-8} W/m^2 K^4，人の皮膚の放射率 e を 0.95 として求めよ．

問 8　空気を充満したシリンダーに質量 100 kg のふたをのせたとき，シリンダーに充満した空気はつりあってふたは静止した．このときのシリンダー内の空気の圧力はいくらになるか．ただし，シリンダーのふたの面積を 4.9×10^{-2} m^2，大気圧を 1.0×10^5 Pa とする．

問 9　圧力 1.0×10^5 Pa，体積 3 m^3，温度 27℃の気体がある．この気体の体積を 1 m^3 にし，温度を 127℃とした．このとき，気体の圧力は最初の何倍になるか．

問 10　熱効率 30% のガソリンエンジンを動かしたとき，毎秒 3.0×10^4 J の仕事をした．このガソリンエンジンは毎秒何 g のガソリンを消費するか．ただし，ガソリン 1 g を燃焼させたときに得られる熱量は 4.0×10^4 J とする．

解答と解説

　問 1　298 K，309 K，373 K

第2章 熱と温度

問 2 97.7°F

問 3 1.5×10^4 J

4.2 J/g K $\times$ 100 g $\times (333-298)$ K $= 14{,}700$ J

問 4 9.7×10^2 J/K

0.44 J/g K $\times$ 300 g $+ 4.2$ J/g K $\times$ 200 g $= 972$ J/K

問 5 0.39 J/g K

全体の熱容量 0.38 J/g K $\times$ 50 g $+ 4.2$ J/g K $\times$ 100 g $= 439$ J/K

25℃から30℃まで水温が上がったときの熱量は，439 J/K $\times$ 5 K $= 2{,}195$ J

これより，金属球の比熱は，$\dfrac{2.195 \text{ J}}{80 \text{ g} \times (100-30) \text{ K}} = 0.39$ J/g K

問 6 151 W

$\dfrac{dQ}{dT} = hA(T_\mathrm{f} - T_\mathrm{i})$ より

$hA(T_\mathrm{f} - T_\mathrm{i}) = 6$ W/m²·℃ $\times 1.8$ m² $\times (34-20)$ ℃ $= 151.2$ W

問 7 147 W

$\dfrac{dp}{dT} = \sigma h A e (T^4 - T_0^4)$ より

$\sigma h A e (T^4 - T_0^4) = 5.67 \times 10^{-8}$ W m² K⁴ $\times 1.8$ m² $\times 0.95 \times (307^4 - 293^4)$ K⁴ $= 146.7$ W

問 8 1.2×10^5 Pa

ふたの圧力 $p = \dfrac{F}{S}$ [N/m²] $= \dfrac{100 \times 9.8 \text{ N}}{4.9 \times 10^{-2} \text{ m}^2} = 20000 = 2.0 \times 10^4$ N/m² $= 2.0 \times 10^4$ Pa

大気圧が 1.0×10^5 Pa なので，シリンダーにかかる圧力は，
2.0×10^4 Pa $+ 1.0 \times 10^5$ Pa $= 1.2 \times 10^5$ Pa

問 9 4倍

$pV = RT$ より $p = \dfrac{RT}{V}$

体積が1/3倍，温度が300 Kから400 Kなので，4/3倍

$p = \dfrac{R \cdot \dfrac{4}{3} T}{\dfrac{1}{3} V} = \dfrac{4RT}{V}$

よって，元の4倍

問10　2.5 g

熱効率 30% のガソリンエンジンでガソリン 1 g を燃焼させた際の熱量は，
4.0×10^4 J/g $\times 0.3 = 1.2 \times 10^4$ J/g

よって，消費したガソリンの量は，$\dfrac{4.0 \times 10^4 \text{ J}}{1.2 \times 10^4 \text{ J/g}} = 2.5$ g

第 3 章

波

　薬と医療について学ぶ薬学で，なぜ波なのかと疑問に思うかもしれない．しかしながら，薬学の様々な分野を学ぶ際に，意外といろいろなところで，波に出くわし驚くかもしれない．例えば患者さんの飲んだ薬の効果を調べるために，血中濃度を調べようと思うと，分析に関する知識が不可欠である．しかも高校で習ったような古典的な手法で濃度を決めることはほとんどなく，その分析機器の多くは，光を用いて分光法という手法で薬物濃度や状態を調べることが当たり前のように行われている．知識がないままブラックボックスとして利用すると，誤った操作や解釈をして重大な事故につながることもあるかもしれない．

　したがって皆さんには，波の方程式を用いて定量的に波の様子を把握することまでは必要としないが，高校物理で習った波の基本的な性質や特徴について理解しておくことは不可欠である．本章では，波の基本的な性質を学ぶとともに，分光学の理解に必要な光（電磁波の1つ）の性質について少し詳しく学ぶことにしよう．

① 波は，その「波長」と「振動数」によってその性質が決まる．
② 光は，われわれの目に見える電磁波の1つであり，電磁波はその振動数の違いによってわれわれにはそれが全く異なるものに見える．
③ 光は，エネルギーをもち，分子や物質ともエネルギーのやりとりをする．

3.1　波とは

　皆さんは「波」といわれるとどのような場面を想像するだろうか．わかりやすい例としては，公園の池に小石を落とすと，小石が落ちた地点を中心にして，その周りに波紋が広がり，時間とともに，広がる場所が大きくなっていく様子は，実際に体感したこともあるだろうし，頭のなかでも容易に想像できるのではないだろうか．また，あるひとは東日本大震災の報道で流れた大津波を思い起こして

恐怖心を抱いているかもしれない．

　この池の波紋をもう少しよく観察すると，波の動きに合わせて，水が移動しているようにも見える．しかしながら，小石の代わりにピンポン玉を落とすとピンポン玉は上下運動しているのみで外に動いていくことはないことがわかる．同様に，それぞれの場所の水も上下に動いているだけである．つまり，波の原因となる上下運動の「状態」が，伝わっているだけであることがわかる．このように，水の上下運動のような振動が次々とまわりに伝わっていく現象を波といい，伝える物質を媒質と呼ぶ．

　波は必ずしも周期的な変化をするわけではないが，われわれが見慣れているのは，小石を落とした時に見られる連続的な波である．同じパターンの波は，ロープの一端を固定して，もう一端を上下振動させても見られる（図3.1）．この波の様子を詳しく見ていこう．

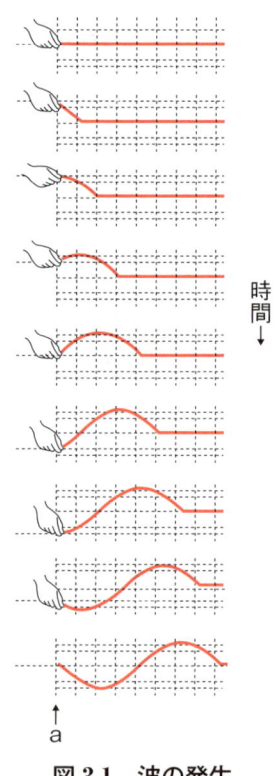

図3.1　波の発生

振動数

　波源が1秒間の何回往復運動を繰り返すかを表す回数．または，1秒間に何回波を送り出すかの回数．高校の教科書では，f [Hz または s^{-1}] で表す．電磁波を扱う場合には，**周波数** ν [Hz] と呼ぶ場合が多い．

　あるヒモの位置（a）を観測していると時間とともに上下することがわかる．この1秒間の往復する回数を振動数（周波数）と呼び，f で示し，単位をヘルツ [Hz] で表す．例えば，1秒間に10回往復すれば，$f = 10$ Hz となる．1往復に要する時間を周期といい，T で示し，単位を秒 [s] で表す．先ほどの例では，1秒間に10往復するので，$T = 0.1$ s となる．周期 T は振動数 f の逆数となるので，

第3章 波

$$f = \frac{1}{T} \tag{3.1}$$

の関係がある．今度は，ひもの形を見ていると山から山の長さが同じであることがわかる．この間隔を波の波長といい，λ [m] で表す．波は，1秒間 f 回上下するので，波長 λ の波が f 回1秒間に伝わるので（図3.2），波の伝わる速さ v [m/s] は，

$$v = f\lambda = \frac{\lambda}{T} \tag{3.2}$$

で表すことができる．われわれが通常扱う波は，このような周期的なものがほとんどなので，上の関係式と図3.2はしっかりとイメージしておこう．

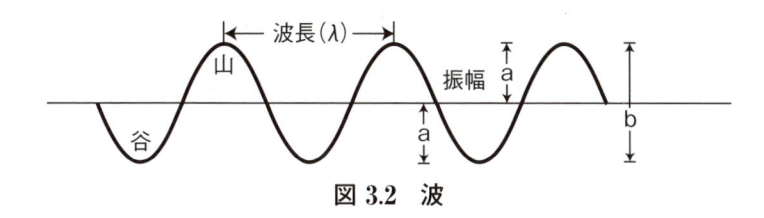

波長
周期的な波の山から山の間隔．λ[m] で表す．

図 3.2 波

上に示した水面波の他にも世の中には様々な波が存在する．テレビ放送など通信で使われている電波は，電気と磁気の性質をもった電磁波と呼ばれる波の1つである．われわれの目に見える光は電磁波の1つであることがわかっている．他にも赤外線，紫外線やX線も電磁波の1種で，波長（もしくは周波数）領域の異なる電磁波に，それぞれ別の名前が付けられているだけである（表3.1）．

例えば，われわれの目に見える可視光線は，波長が，$7.8 \times 10^{-7} \sim 3.8 \times 10^{-7}$ m の非常に波長の短い電磁波である．また，電磁波の伝わる速さは，波長（ま

表3.1 さまざまな電磁波の波長とその用途

波　長	名　称	用　途
$10 \sim 1$ km	長波（LF）	船舶，航空機無線
1 km ~ 100 m	中波（MF）	AMラジオ
$100 \sim 10$ m	短波（HF）	無線
$10 \sim 1$ m	超短波（VHF）	テレビ，FMラジオ
1 m ~ 10 cm	極超短波（UHF）	携帯電話，電子レンジ
$10 \sim 1$ cm	センチ波（SHF）	衛星放送
1 cm ~ 1 mm	ミリ波（EHF）	衛星通信
$1 \sim 0.1$ mm	サブミリ波	
$400 \sim 0.7 \times 10^{-6}$ m	赤外線	赤外線通信，こたつ
$7.8 \sim 3.8 \times 10^{-7}$ m	可視光線	人間の目に感じる光
$3.8 \sim 2.0 \times 10^{-7}$ m	紫外線	日焼け，殺菌
$10^{-7} \sim 10^{-11}$ m	X線	レントゲン
$10^{-9} \sim 10^{-12}$ m	γ（ガンマ）線	放射線の一種

たは振動数）によらず一定で，光の速さと同じ $c = 3.0 \times 10^8$ m/s で伝わる．電磁波では速さが共通であるので，上の式（3.2）をながめると電磁波の波長と周波数は反比例の関係にあることがわかる．例えば非常に波長の短い X 線は，非常に高い振動数（周波数）をもつことがわかる．電磁波については，3.3 節以降で詳しく説明する．

また，光の他に音も波の現象として重要で高校の物理の教科書では光と同じくらいの紙面を割いて説明されているが，薬学ではほとんど出てこないのでここでは省略する．

> **コラム** 波の定量的な取り扱い
>
> これまでは，波を図のイメージのみで理解してきたが，もう少し定量的に扱うためには，波を式で表す必要がある．図 3.1 に示すような連続波は，高校の数学で習った三角関数を用いて表すことができることは容易に想像できるであろう．図 3.2 のようにひもを振動させたときに，時間 t における波源（左端）の位置のひもの位置（変位方向の位置）は，正弦関数を用いると，
>
> $$y = A \sin 2\pi \frac{t}{T}$$
>
> と表すことができる．ここで，T は波の周期で，T 時間経てば，ひもの位置はもとに戻るのでこのように表すことができることは理解できるであろう．また，A は，変位の最大値で，**振幅**という．次に，左端（$x = 0$）の位置から右に x 離れた位置のひもの動きを表す式を考えてみよう．波の速さを v とすると，波源より x 離れた位置では，波源より x/v 時間だけ遅れて変位が始まるので，上の式の t を $t - x/v$ に置き換えると，
>
> $$y = A \sin 2\pi \left(\frac{t}{T} - \frac{x}{vT} \right) = A \sin 2\pi \left(\frac{t}{T} - \frac{x}{\lambda} \right)$$
>
> となる．ここでは，式（3.2）の $vT = \lambda$ の関係式を用いた．この式は，時間 t，位置 x における波の式で，この式で表される波を**正弦波**と呼ぶ．あとに出てくる重ね合わせの原理や干渉作用というのは，独立した正弦波の線形結合，つまり足し算として理解することができる．ただし，薬学ではこの波の式を駆使していろいろな現象を検討することはほぼないので，ここまでに留めておきたい．

◆確認問題

次の問題の正誤について答えよ．
1）一端を固定したロープを毎秒 10 回振動させてできた波の波長は 0.1 s^{-1} である．
2）ロープを毎秒 10 回振動させてできた波が 1 m/s で伝わった．この波長は 0.1 m である．
3）ラジオ波の波長は，X 線の波長よりも長い．

◆解答と解説

1) 誤り　　$0.1\,\mathrm{s^{-1}}$ は波長でなくて周期である．この文章からは波長は求められない．
2) 正しい　　1秒間に10個の波ができて1m伝わっているので，波長は，$0.1\,\mathrm{m}$ である．
3) 正しい　　表3.1を参照．

3.1 節のキーワード

□ 振動数　　　□ 周期　　　□ 波長　　　□ 電磁波

3.1 節のまとめ

① 波の振動数，波長，速さの関係が説明できる．
② 電磁波の種類と特徴を説明できる．

3.2　波の性質

　粒子と波は対比して考えることがよくある．例えば粒子の運動とは，質量をもった物体が移動する現象である．一方，波も池に小石を投げた様子を想像すると水が小石の位置から外側に移動しているように見えるが，実際には3.1節で学んだように，水の上下運動が伝搬しているにすぎず物体の移動はない．
　このように波は粒子の運動とかなり異なった性質をもっているので，その性質をこの節ではまとめて見ていきたい．

3.2.1　重ね合わせの原理

　2つの別々の波がある地点で出会ったとき，2つの波は足し算された波となる（コラム「波の定量的な扱い」で出ている式でいうと2つの波の式の線形結合で表される）．これを重ね合わせの原理と呼ぶ．例えば，ふたりでひもをピンと張って，両側でふたりがそれぞれひもを上下させると，独立した波は，中央付近で合流する様子がこれにあたる（図3.3）．また，合流したあとは，その後反対方向にぶつかったのに何事もなかったかのように移動する．これを波の独立性と呼ぶ．粒子どうしの衝突とはかなり違うことがわかると思う．

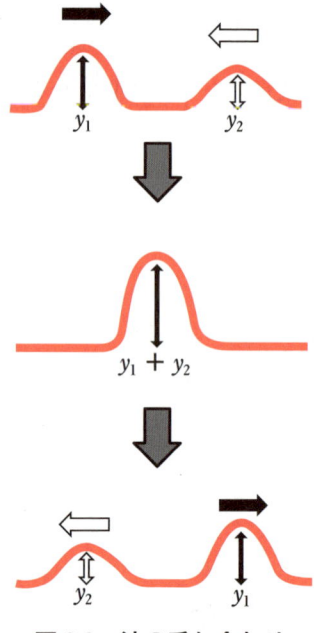

図 3.3　波の重ね合わせ

3.2.2　波の干渉

　今度は，池に 2 つの小石を異なる位置に落として 2 つの波紋ができた場合を想像してみよう（図 3.4）．この場合，2 つの波紋が互いに重なってくる中央の部分を見ると波が大きくなっている部分と互いに打ち消し合って波が小さくなっている部分が見られる．これを，波の干渉という．この現象は先に説明した波の重ね合わせで理解できる．つまり，2 つの波の山と山が重なった場合は，強め合い，山と谷が重なった場合は弱め合う．

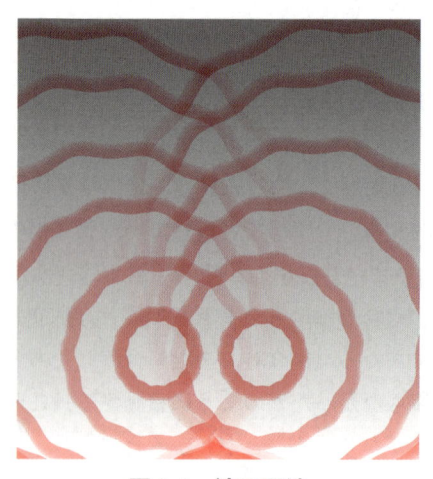

図 3.4　波の干渉

3.2.3 波の反射

池の波紋が広がって，図 3.5 のような池の端の壁まで到達したときはどのようになるだろうか．想像するのはそれほど難しくないと思うが，波の進む向きと壁に垂直な線（壁の法線）とのなす角を i，反射された波の進む向きと法線のなす角を j とすると

$$i = j$$

が成り立つ．これを**反射の法則**という．これは，あとのコラムで解説するホイヘンスの原理により説明できる．

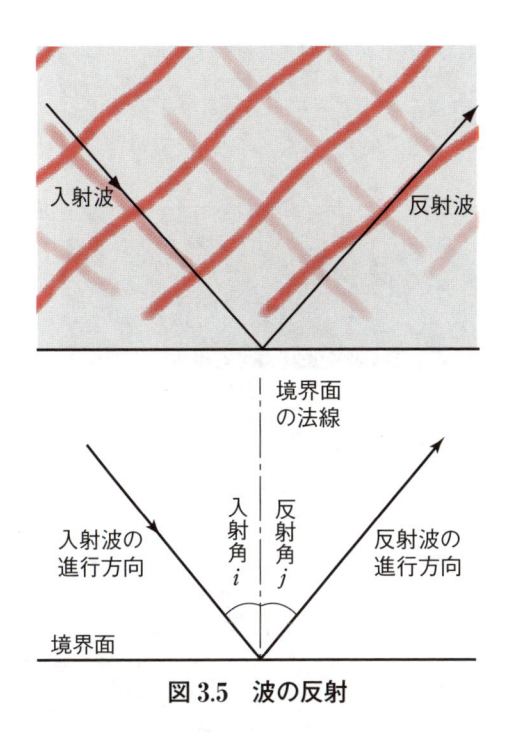

図 3.5 波の反射

3.2.4 波の屈折

水と油のような媒質の異なるところを通過するときはどのような変化を起こすであろうか．これは，プールの中に足を入れると足は実際の位置より浮き上がって見えることを想像すると理解できるのではないだろうか．これは，足で反射した光が，プールの界面で向きが変わる，つまり**屈折**が起こったためである．一般に波の速さは，伝わる媒質によって異なる．これが原因で波は屈折する．媒質 1 から媒質 2 へ波が伝わる場合，境界面の法線と媒質 1 での波の進む向きとのなす角（入射角）j と媒質 2 を進む波の向きと法線のなす角（屈折角）r には，

$$\frac{\sin i}{\sin r} = \frac{v_1}{v_2} = \frac{\lambda_1}{\lambda_2} = n_{12}$$

が成り立つ（図 3.6）．これを**屈折の法則**という．ここで v_1, v_2 はそれぞれの媒質での波の伝わる速さ，λ_1, λ_2 はそれぞれの媒質での波の波長，n_{12} は媒質 1 に対する媒質 2 の**屈折率（相対屈折率）**という．この現象も，コラムで解説するホイヘンスの原理により説明できるのであとで示そう．波の振動数 f は波源によって決まっているので，媒質が変わっても変化しないはずである．そのため，$v = f\lambda$ の関係式から v と λ は比例関係にあるので，上式のように屈折率は，それぞれの媒質での波の波長の比とも関係することがわかる．ここで，相対屈折率は，波に方向によって異なるので注意が必要である．例えば，媒質 2 から媒質 1 へ伝わる波では，相対屈折率の値は先の例の逆数になる．

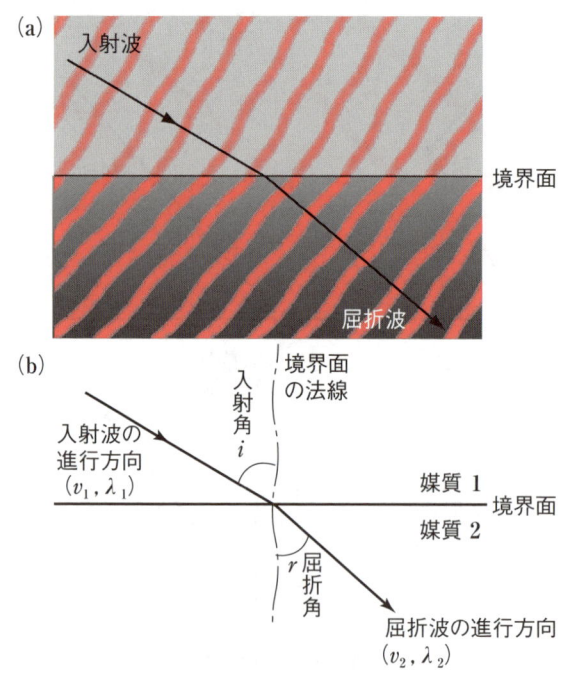

図 3.6 波の屈折

(a) の濃い部分は波面．

3.2.5 波の回折

大きな波が防波堤に近づくとほとんどせき止められるが，その一部が，中の港まで伝わってくるとどのようになるであろう．これはなかなか想像しづらいが，そのまままっすぐ進むかと思えば，一部は，防波堤のうしろに回り込むという現象が起こる．これを**波の回折**という．隙間に対して波長が十分小さいときはほとんど起こらないが，波長が隙間と同程度以上となると際立つ．

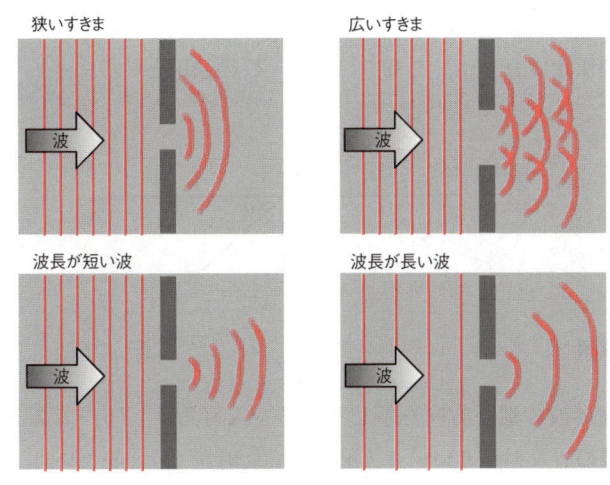

図 3.7 　波の回折

> **コラム**　ホイヘンスの原理
>
> 　池に小石を投げたときの水面の動きをもう一度思い出してみよう．石が落ちたところが波源となり，それを中心として，同一円周上は水の動き，つまり振動状態は同じである．この振動状態が同じ点をつないだ面を**波面**という．この場合は**球面波**となる．津波のような場合は，波面が平面となるので，**平面波**という．いずれの場合も波の進行方向と波面は垂直である．ホイヘンスは波の進み方を理解するのに，「**波面の各点から波の進行方向に球面波（これを素元波という）が出る．この無数の素元波に共通に接する面が，次の波面になる．**」これを**ホイヘンスの原理**という．これによって，波の様々な性質（反射，屈折，回折など）が統一的に理解できるようになる．
>
> 図 3.8 　ホイヘンスの原理

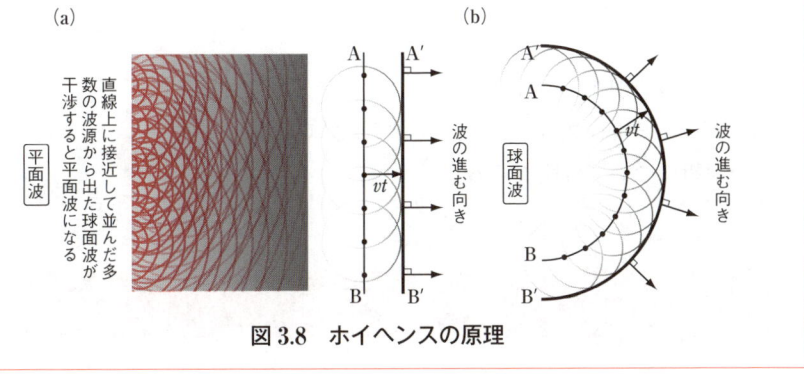

◆確認問題

1) 右図は波の進む方向を示している．入射角は，（　　　）である．この現象を波の（　　　）といい，入射角は（　　　）と等しい．

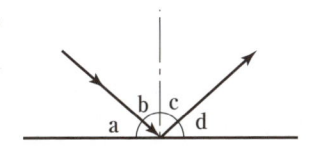

2) 次の図は，異なる2つの媒質を波が進む方向を示している．この現象は，

波の（　　）といい，（　　）角と（　　）角の間には，（　　）の関係が成り立つ．これを（　　）の法則という．

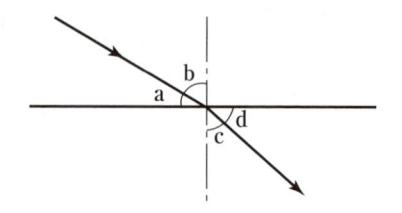

◆解答と解説

1）右図は波の進む方向を示している．入射角は，(b) である．この現象を波の（反射）といい，入射角は（反射角 c）と等しい．
2）次の図は，異なる2つの媒質を波が進む方向を示している．この現象は，波の（屈折）といい，（入射）角と（屈折）角の間には，($\sin b/\sin c = v_1/v_2 = \lambda_1/\lambda_2 = n_{12}$) の関係が成り立つ．これを（屈折）の法則という．

3.2節のキーワード

- □ 重ね合わせの原理
- □ 干渉
- □ 反射の法則
- □ 屈折の法則
- □ 入射角
- □ 反射角
- □ 相対屈折率
- □ 回折
- □ 振幅
- □ 正弦波
- □ ホイヘンスの原理

3.2節のまとめ

① 波の反射の法則が説明できる．
② 屈折の法則および相対屈折率について説明できる．
③ 波の回折について説明できる．

3.3　光とは

わたしたちの身の回りに光があふれている．テレビ，スマートフォン，電灯など例を挙げればきりがない．その光は，電場と磁場の振動が空間を伝わる，いわゆる電磁波の1つで，宇宙空間を何百年，何千年でも伝わる．薬学の分野では，分光分析や内視鏡に使用されている光ファイバーなどに光が利用されており，その用途は多岐にわたる．光は波としての性質をもち，その波長は人間が感知できる光，いわゆる可視光線では，その波長は 400 ～ 800 nm となっている．光は，

物質によって吸収・放射される場合には粒子としての性質も示す．通常，光は空間中を直進するが，物質が存在するなどの一定の条件下で屈折，反射，回折，散乱，干渉などの現象を起こす．ここでは，光の性質や光の様々な現象を見ていこう．

3.3.1 光の種類

光は電磁波の一種である．真空中の光速は，2.99792458×10^8 m/s である．これはおよそ 3.0×10^8 m/s であり，すべての電磁波に共通となっている．また，光のエネルギーは，振動数に比例し，波長に反比例する．これは，以下の式で表される．

$$E = h\nu = \frac{hc}{\lambda}$$

h：プランク定数（6.62608×10^{-34} J·s）

電磁波
電磁波とは，直交した電場と磁場が交互に振動することで形成される波である．光や電波は電磁波の一種にあたる．

電磁波はその波長によって，エネルギーが異なり，その結果，物体との相互作用の様子も異なる．波長の長い方から，マイクロ波，ラジオ波，赤外線，可視光線，X線，γ線などと呼ばれ，この順はエネルギーの低いものから高いものとなっている．

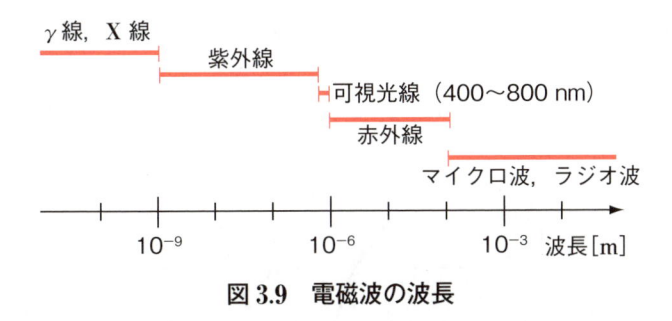

図 3.9 電磁波の波長

3.4 光の性質

3.4.1 光の屈折

光は異なる媒質を通るとき，その境界面で屈折する．例えば，空気中から水へと媒質の変わる境界を通るとき，その進行方向は曲がる．このとき，他の波の性

質と同様，**屈折の法則**が成り立つ．

光が媒質1から媒質2へ進むときの屈折率 n_{12} を**相対屈折率**という．対して真空から媒質1へ進む場合の屈折率を媒質1の**絶対屈折率**といい，n_1 で表す．

表 3.2 媒質と絶対屈折率

媒　質	絶対屈折率
空気	1.0003
水	1.3330
ガラス	1.4585
ダイヤモンド	2.4195

3.4.2 屈折の法則

光の進む速さが異なるような2つの媒質の境界で波の進行方向が変わることを光の屈折という．境界面の法線と入射波の進む向きとのなす角 i を入射角，境界面の法線と屈折波とのなす角 r を屈折角という．これら2つの角と相対屈折率の間には

$$\frac{\sin i}{\sin r} = n_{12}$$

という関係があり，これを**屈折の法則**という．この定数 n_{12} を媒質1から媒質2へ進む場合の**屈折率**，または媒質1に対する媒質2の屈折率という．

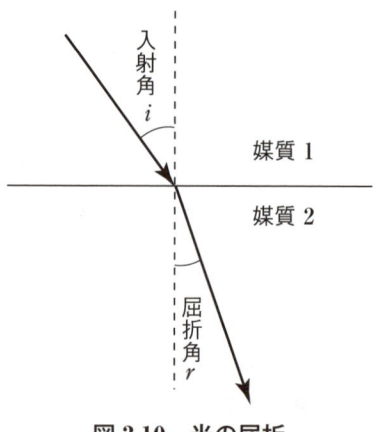

図 3.10 光の屈折

また，進行方向が逆向きの場合（媒質2から媒質1への向き）の屈折率は，$\frac{\sin i}{\sin r} = n_{12}$ であり，n_{12} の逆数となる．すなわち，$\frac{1}{n_{12}} = n_{21}$ となる．

3.4.3 光の反射と全反射

光は波の性質をもっているため，**反射の法則**が成り立つ．反射の法則は，反射面に対して，入射角と反射角が等しくなる（図 3.11）．

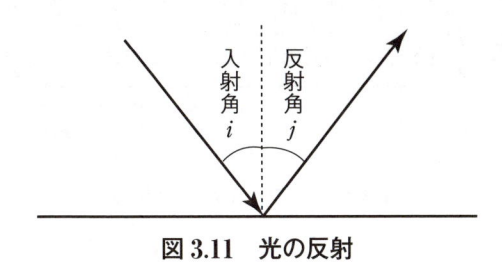

図 3.11 光の反射

光が異なる媒質を通るとき屈折して先に進むだけでなく，一部は反射する．そしてある条件のもとではすべてが反射する．例えば，水中から空気中へ進むときのように，屈折率の大きい媒質から小さい媒質へ進むとき，屈折角が 90°になる場合がある．このような入射角を媒質 2 に対する媒質 1 の**臨界角**という．入射角が臨界角より大きいときは光の屈折は起こらず，光はすべて反射する．これを**全反射**という．

臨界角

水中から空気中へ光が進むとき，屈折角が 90°になる入射角，すなわち臨界角は約 48.6°である．

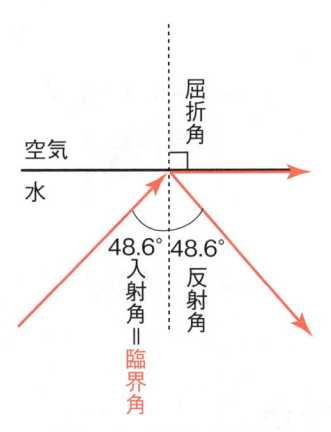

図 3.12 光の全反射

> **コラム** 光ファイバーの原理
>
> 　光ファイバーは光の全反射を利用しており，ファイバースコープなどは臓器などを直接観察するのに役立っている．光ファイバーは屈折率の大きい素材を中心部に，屈折率の低い素材は外側に使用し，光信号が全反射して進んでいくケーブルである． 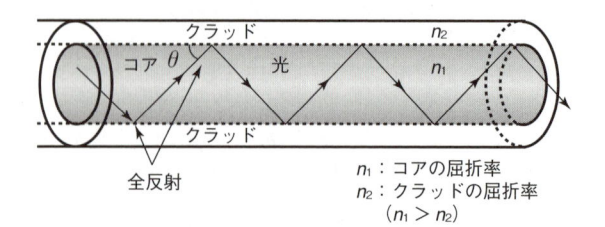
>
> **図 3.13　光ファイバーの原理**

3.4.4　光の分散

　太陽光は，様々な波長を含む光である．これをスリットに通し，さらにプリズムに通すと屈折によってさまざまな色に分離される．これは波長の短い光ほど屈折率が大きいことより生じる．これにより，波長の長い光である赤はあまり曲げられず，波長の比較的短い青は大きく曲げられる．この現象を光の分散という．

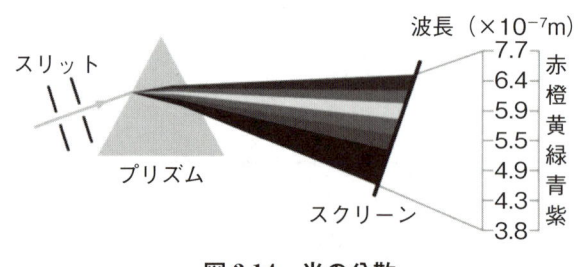

図 3.14　光の分散

3.4.5　光の回折と干渉

　光が媒質を伝わるとき，障害物の裏側に回り込む現象が起こる．これを光の回折という．この現象では，光源からの光を細いスリットに通すと，光は回折して明暗の縞ができる．これは光の干渉作用で説明がつき，明暗の縞のことを干渉縞と呼ぶ．

3.4.6 回折格子

様々な波長の光を単色光に分解し,波長を決定する装置に**回折格子**がある.回折格子はガラス板に,平行な溝(格子)を等間隔に刻んだものである.溝と溝の間がスリットの役割をし,光の反射と干渉やスリットによる回折を同時に起こすものである.回折格子はプリズムと同じく,白色光から単色光を取り出すことができる.

回折格子を通過した 2 つの光波が壁にたどりつくとき,波の山と山が重なればその部分は明るくなり,山と谷が重なるとその部分は暗い線ができる(図 3.15).

干渉する 2 つの光がたどる光学的距離の差を**光路差**といい,2 つの光の壁までの光路差は,光の波長の整数倍になるとき波は強め合い,**明線**ができる.すなわち,平行光線を回折格子に垂直に入射すると,この透過光の進行方向と格子面の法線のなす角 θ が,

$$d \sin \theta = m\lambda \quad (m = 0, \ \pm 1, \ \pm 2, \ \pm 3, \ \cdots)$$

を満たすと,回折した光は光路差が波長の整数倍になり,明線ができる.

また,波長の整数倍に半波長を加えたとき,すなわち以下の式を満たすとき暗線ができる.

$$d \sin \theta = \left(m + \frac{1}{2}\right)\lambda \quad (m = 0, \ \pm 1, \ \pm 2, \ \pm 3, \ \cdots)$$

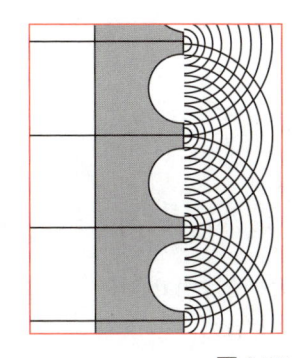

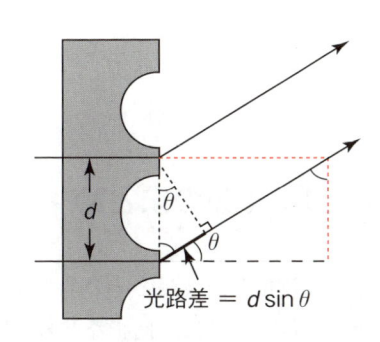

図 3.15 回折格子と光の干渉

3.4.7 偏 光

光は電磁波であり,その電磁波は横波に分類される.太陽光などの自然光はあらゆる方向に揺れている波を含んでいる.光を偏光板という特殊な板に通すとある 1 方向の波だけが通り抜ける.通り抜けた波は振動方向が 1 つの平面内に限ら

れており，これを**偏光**という．

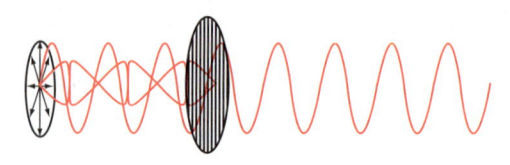

図 3.16 偏光

> **コラム** 光による電子遷移と振動遷移
>
> 　光は，エネルギーをもち，分子や物質ともエネルギーのやりとりをする．これは，原子や分子に光を照射すると，原子や分子の内部でその光のエネルギーに相当する"遷移"という現象を観察することで見ることができる．これは，この後，第5章で詳しく説明をするが，原子や分子の電子，振動，回転などのエネルギーが変化する．
> 　例えば，分子の電子遷移とは，分子内の電子が低エネルギー状態（基底状態）と高エネルギー状態（励起状態）の間を遷移することをいう．一般に，分子は紫外可視光を吸収または放出して電子遷移する．また，分子に赤外線を照射すると，分子内における原子の振動に変化を与え，振動遷移が起こる．これらの現象を捉えることにより，分子の構造などを明らかにすることができる．このように光を利用することにより，多くの物質の性質や構造を明らかにすることができる．

3.3 および 3.4 節のキーワード

- □ 電磁波　　□ 光速　　□ 光の屈折　　□ 全反射
- □ 光の分散　□ 光の回折　□ 偏光
- □ 光による電子遷移と振動遷移

3.3 および 3.4 節のまとめ

① 光の性質を理解し，波長とそのエネルギーの大小を説明できる．
② 光の反射，屈折，分散，回折などの特性を説明できる．

◆確認問題

問 1　次の空欄に適切な語句を入れよ．
　光が屈折率（n_1）の（a：　　　）媒質から，屈折率（n_2）の（b：　　　）媒質へ進むとき，入射角がある大きさの角度になると，光の屈折は起こらない．このときの入射角のことを（c：　　　）ともいう．これにより，光は全て反射する．これを（d：　　　）という．

◆解答と解説

a：大きい　　　b：小さい　　　c：臨界角　　　d：全反射

3.5　章末問題

問1　下の波の図を見て，次の問いに答えよ．ただし，Bは，Aから5秒後の波の様子を表している．

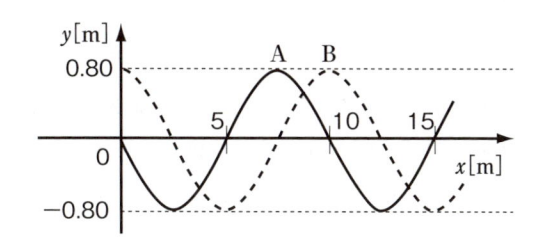

1) この波の波長，速さ，振動数はいくらか．
2) 点aでの変位が最大となる時間はいくらか．

問2　結晶の構造を調べるのに用いる $\lambda = 1.52$ nm のX線の振動数はいくらか．

問3　図は光が等方性の媒質Aから媒質Bに入るとき，その境界面で進行方向が変わる現象を模式的に示している．これに関する記述のうち，正しいものはどれか．（第90回国試問16）

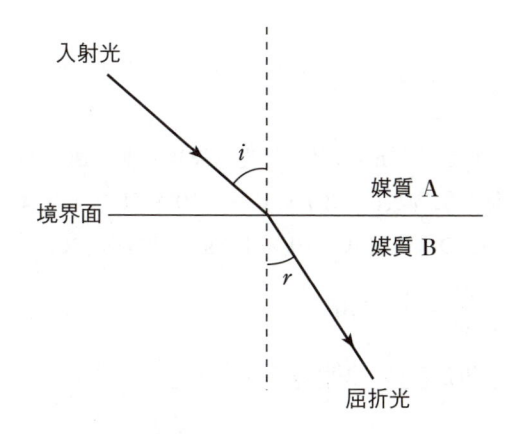

1) 媒質Bの媒質Aに対する屈折率（相対屈折率）n は $n = \sin r / \sin i$ で表される．
2) 媒質Bの媒質Aに対する屈折率（相対屈折率）n は入射角 i によらず一定である．
3) 媒質Bの媒質Aに対する屈折率（相対屈折率）n は入射光の波長によらず一定である．
4) 日本薬局方一般試験法の屈折率測定法では，通例，温度20℃で，光源としてキセノンランプを用いるよう規定されている．

問4 波長 600 nm の電磁波は，振動数 500 MHz の電磁波よりも何倍エネルギーが大きいか．ただし，プランク定数を 6.6×10^{-34} J·s，真空中での光速を 3.0×10^8 m·s^{-1} とする．

問5 電磁波はその波長によって紫外線，赤外線，可視光線，X線，γ線などと呼ばれる．これらの電磁波の基本的な性質に関する次の記述の正誤について，正しいものはどれか．
 a 電磁波の真空中の速度はいずれも同じである．
 b 電磁波のエネルギー E は振動数 ν の関数で，$E = h\nu$ と表される．
 c γ線はエネルギーが大きく，電離放射線と呼ばれる．
 d 紫外線，可視光線，赤外線の順に，波長も振動数も共に大きくなる．

解答と解説

問1 1) 図より波長は，10 m である．また，5秒後に，$\lambda/4$ 進んでいるので，速さは，2.5 m/s である．したがって，$v = f\lambda$ の関係式があるので振動数は $v/\lambda = 2.5/10 = 0.25$ Hz である．
 2) 点 a での変位が最大となるのは 5 s 後である．

問2 電磁波の速さは，$c = 3.0 \times 10^8$ m/s であるので，$v = f\lambda$ の関係式から，$f = v/\lambda = 3.0 \times 10^8$ m/s$/1.52 \times 10^{-10}$ m $= 1.97 \times 10^{18}$ Hz となる．

問3 1) 誤り　$n = \sin i/\sin r$ である．
 2) 正しい
 3) 誤り　虹を想像してもわかるように，波長によって変わる．
 4) 誤り　ナトリウムスペクトルのD線を用いる．

問4 電磁波のエネルギー E は振動数 ν の関数で，$E = h\nu$ と表されるので，振動数を求めれば，エネルギーを比較することができる．
振動数 f [s^{-1}, Hz]，波長が λ [m] のとき，光（波）の進む速さ v [m/s] とすると $v = f \times \lambda$ より
波長 600 nm の電磁波の振動数は，$3.0 \times 10^8 = 6.0 \times 10^{-7} \times \lambda$ より，$\lambda = 5.0 \times 10^{14}$ s^{-1}
一方の振動数 500 MHz の電磁波は，5.0×10^8 s^{-1} であるので，

$$\frac{5.0 \times 10^{14} \text{ s}^{-1}}{5.0 \times 10^8 \text{ s}^{-1}} = 10^6$$

答え：波長 600 nm の電磁波は，振動数 500 MHz の電磁波よりも 10^6 倍エネルギーが大きい．

問5 a, b, c
 a：正しい
 b：正しい
 c：正しい
 d：誤り　紫外線，可視光線，赤外線の順に，波長は大きくなるが，振動数は小さくなる．

第 4 章

荷電粒子に働く力とエネルギー

　第1章では，ニュートンの運動の法則に従って，物体に力が働いていない場合，働いている場合にその物体がどのような運動をするかを学んだ．それらの物体を細かく分割していくと，物体は分子の集まりであり，分子は様々な原子で構成されている．原子はさらに原子核と電子から構成されており，原子核と電子には電荷と呼ばれる基本的な性質が備わっている．電荷は物質の磁性（磁石の性質）も生み出し，自然界に存在する4つの力の1つ，「電磁気力」の担い手となっている．この章では，電荷をもった粒子の存在や運動，相互作用によって引き起こされる現象の基本を学んでいこう．

4.1　荷電粒子が静止している場合

4.1.1　電荷とクーロンの法則

1　電　荷

　冒頭に書いたように，物質を細かくしていくと原子から成り立っていることがわかる．この原子を構成する陽子と電子は，**電荷** electric charge と呼ばれる性質をもっている．電荷をもっている粒子を**荷電粒子** charged particle と呼び，もっている電荷の量は**電気量** electric charge といい，単位は［C］（coulomb クーロン）である．電荷には次のような特徴がある．

- 正の電荷，負の電荷の2種類がある．それぞれの電気量は＋（プラス），－（マイナス）の記号をつけて表す．
- 同種の電荷同士（正と正，または負と負）には斥力（反発する力）が働き，異種の電荷同士（正と負）には引力が働く．
- 外部から孤立している空間や物質においては，電気量の総和は変化しない

電荷［electric charge］
　電荷という言葉を電気量の意味に用いることもある．

電気量［quantity of electricity］
　電荷の量．

(**電荷の保存則**).

陽子1個，電子1個はそれぞれ正の電荷，負の電荷をもっており，もっている電気量の大きさは同じで，**電気素量** elemental charge（**素電荷**，**電荷素量**ともいう）と呼ぶ．電気素量は一般に e で表される．値は，

$$e = 1.602176565 \times 10^{-19} \text{ C} \tag{4.1}$$

であり，陽子は $+e$，電子は $-e$ の電荷をもつと書ける．今後は「電荷 Q」と書いた場合には，電気量 Q をもつ電荷を表すこととする．

2 クーロンの法則

前節で書いた電荷の2つめの特徴については，フランスの物理学者，クーロン Coulomb が1785年にねじり秤を用いて調べ，2つの電荷 Q, Q' の電荷間の距離を R とすると，電荷間に働く力の大きさ F は，

$$F = k\frac{QQ'}{R^2} \tag{4.2}$$

と表すことができることを発見した．これを**クーロンの法則** Coulomb law といい，電荷間に働く力を**静電気力** electrostatic force または**クーロン力** Coulomb force と呼ぶ．比例定数 k は**クーロン定数**と呼ばれ，真空中でのクーロン定数を k_0 と書くと，

$$k_0 = 10^{-7}c^2 \sim 8.987 \times 10^9 \text{ N m}^2/\text{C}^2 \tag{4.3}$$

で表される．ここで c は光速（$\sim 2.9979 \times 10^8$ m/s）である．

3 誘電率

式 (4.3) の k_0 は真空の**誘電率** permittivity, ε_0 を用いて，

$$k_0 = \frac{1}{4\pi\varepsilon_0} \tag{4.4}$$

とも表される．ε_0 は**電気定数** electric constant ともいう．式 (4.4) より真空の誘電率 ε_0 の値は，

$$\varepsilon_0 = \frac{1}{4\pi k_0} = \frac{10^7}{4\pi c^2} = 8.854 \times 10^{-12} \text{ F/m} \tag{4.5}$$

となる（単位に使われている ［F］（ファラド）については後述）．式 (4.2) と式 (4.4) より，誘電率は電気量と力を関係づける量だとわかる．物質は固体や液体といった物質の状態によって，固有の誘電率をもっている．一般的には ε_0 の何倍かを表す**比誘電率** relative permittivity, ε_r で特徴づけられており，その関係は，

$$\varepsilon = \varepsilon_r \varepsilon_0 \tag{4.6}$$

第4章　荷電粒子に働く力とエネルギー

表4.1　様々な物質の比誘電率

物質名	ダイヤモンド	ベンゼン	エチルアルコール	空気(乾)	水蒸気	水
比誘電率	5.68	2.284	24.3	1.000536	1.006	80.357
温度 (℃)	20	20	25	20	100	20

（理科年表による）

となっており，クーロン定数 k に関しては，一般的に，

$$k = \frac{1}{4\pi\varepsilon} = \frac{1}{4\pi\varepsilon_r\varepsilon_0} = \frac{k_0}{\varepsilon_r} \tag{4.7}$$

が成り立っている．表4.1は物質の比誘電率の一例を示している．

4 クーロン力のベクトル表記

式 (4.2) より静電気力の大きさが与えられるが，力はベクトル量なので，章の冒頭に書いた電荷の特徴の2つめにあげた向きについての情報もベクトルを使って一緒に表しておこう．

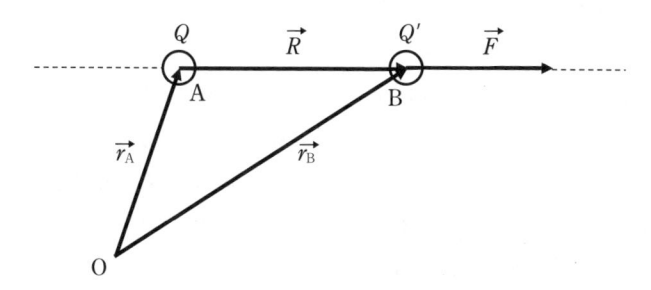

図4.1　クーロン力

図4.1のように，点A，点Bにそれぞれ同種の電荷 Q, Q' があり，それぞれの電荷の位置ベクトルを $\vec{r}_A$, $\vec{r}_B$, とする．点Aから点Bに向かうベクトルを $\vec{R}$ ($= \vec{r}_B - \vec{r}_A$) とすれば，同種の電荷では斥力が働くので，点Bの電荷に働く力は $\vec{F}$ で表すことができ，$\vec{F}$ は $\vec{R}$ と同じ向きになっていることがわかる．$\vec{R}$ を用いて向きだけを表すために，$\vec{R}$ の単位ベクトル（大きさが1のベクトル）を $\widehat{R}$ とすると，$\widehat{R} = \vec{R}/R$ であり，クーロンの法則は，

$$\vec{F} = k\frac{QQ'}{R^2}\widehat{R} \tag{4.8}$$

と表せる．2つの電荷が異種のものであれば，式 (4.8) の分子の QQ' の符号が負となるので，力 $\vec{F}$ の向きは $\vec{R}$ の向きと逆になり，引力を表すことになる．式 (4.8) はベクトルによるクーロンの法則の表し方である．

5 複数の電荷によるクーロン力（重ね合わせの原理）

次に 3 つの電荷がある場合のクーロン力について考えよう．

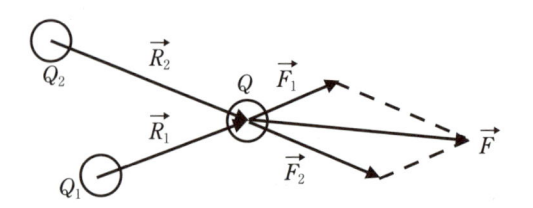

図 4.2　複数の電荷によるクーロン力

ある電荷 Q に電荷 Q_1, Q_2 が及ぼす力をそれぞれ，$\vec{F_1}$, $\vec{F_2}$ で表すと，3 つの電荷がすべて同じ符号の電気量であれば図 4.2 のようになり，さらに 2 つの力，$\vec{F_1}$, $\vec{F_2}$ の合力 $\vec{F}$ は，

$$\vec{F} = \vec{F_1} + \vec{F_2} \tag{4.9}$$

と表せる．図 4.2 の は式 (4.9) の $\vec{F}$ を図示したものに対応している．第 1 章で学んだように，力はベクトル量であり，複数の力は合成して 1 つの合力を考えることができる．ここでも式 (4.9) のようにそれぞれの電荷から受ける力を式 (4.8) のクーロンの法則を用いて計算し，計算した力，$\vec{F_1}$, $\vec{F_2}$ を合成した力 $\vec{F}$ が電荷 Q に働く力である．電荷の数が増えても，同様に個々に力を計算して合力を考えればよい．このように複数の力の効果が，複数の力を足し合わせた 1 つの力で表せることを **重ね合わせの原理** という．

6 静電誘導

金属のように，内部で電荷が自由に動く（電気を通すということ）物質を **導体** conductor と呼ぶ．導体には **自由電子** free electron と呼ばれる，内部で動くことができる電子が存在している．今天井から吊り下げた金属球（導体球）があるとする．この金属球に，表面に正の電荷を帯びた（物質が電荷を帯びることを **帯電** charge という）ガラスの棒を近づける．そうすると，図 4.3 のようにガラス棒に近い金属球の表面に負の電荷が現れ，その反対側の表面には正の電荷が現れる．これは，ガラス棒の正の電荷によって導体球中の自由電子が引きつけられ，相対的に反対側の電子が減った結果，正の電荷が現れたように見えている．この現象を **静電誘導** electrostatic induction と呼ぶ．ガラス棒をより近づければ，導体球表面の電荷は増え，クーロン力が強くなるために導体球そのものもガラス棒の方に引っ張られる．ガラス棒をクーロン力が効かないほど遠ざければ，導体球はもとの電気的に中性な状態を取り戻す．

式 (4.9) を式 (4.8) のように具体的に表してみよう．図 4.2 で電荷 Q_1, Q_2 から電荷 Q に向かう位置ベクトルを $\vec{R_1}$, $\vec{R_2}$ と書く．$\vec{R_1}$, $\vec{R_2}$ に対応する単位ベクトルを $\widehat{R_1}$, $\widehat{R_2}$ とすれば $\vec{F_1}$, $\vec{F_2}$, さらに 2 つの力の合力 $\vec{F}$ は，

$$\vec{F_1} = k\frac{QQ_1}{R_1^2}\widehat{R_1},$$

$$\vec{F_2} = k\frac{QQ_2}{R_2^2}\widehat{R_2}$$

と表せる．2 つの力の合力は，

$$\vec{F} = \vec{F_1} + \vec{F_2}$$

$$= Q\left(k\frac{Q_1}{R_1^2}\widehat{R_1} + k\frac{Q_2}{R_2^2}\widehat{R_2}\right)$$

となる．図 4.2 の $\vec{F}$ はこの式の $\vec{F}$ を図示したものに対応している．

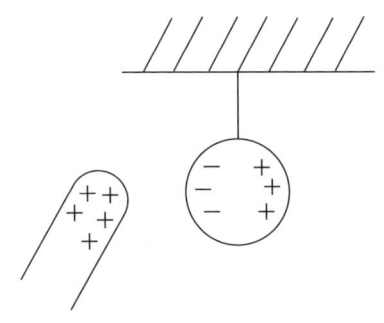

図 4.3 静電誘導

4.1.1 項のキーワード

☐ クーロンの法則 　　☐ 誘電率 　　☐ 重ね合わせの原理
☐ 静電誘導

4.1.1 項のまとめ

① 電荷間に働く力をクーロン力（静電気力）という．
② 複数の電荷がある場合には，それぞれの電荷から受ける力の合力を考える．
③ 物質中の電荷は外部からのクーロン力で移動する．

4.1.2 電　場

1　電　場

　前節の式 (4.8) で，2つの電荷のうち片方の電荷 Q に着目すると，クーロン力は電気量 Q に比例している．これは，たくさんの電荷がある空間に電荷 Q を置いたときも同様で，電荷 Q はその電気量に比例してクーロン力 $\vec{F}$ を受ける．これを式にすると，何らかのベクトル量 $\vec{E}$ を用いて，

$$\vec{F} = Q\vec{E} \tag{4.10}$$

と表すことができることを意味している．一般的には，電荷 Q を置く位置によって力 $\vec{F}$ は異なるので，$\vec{E}$ は位置（ベクトル）に依存する関数である．このように空間上の位置によって値が決まるような量を 場 field という．決まる値がスカラー量ならばスカラー場，ベクトル量ならばベクトル場ともいう．身近な場の例を考えてみよう．エアコンで部屋を暖めるとき，場所によってはまだ寒いところ，十分暖まったところができたりする．部屋の様々な場所で温度を測れば，場所によって温度が異なっていることがわかるだろう．この場合，部屋の温

度は，部屋の中の位置によって決まる量になっており，場（スカラー場）となっている．式（4.10）のように，電荷にクーロン力を及ぼすベクトル場 $\vec{E}$ を**電場** electric field と呼ぶ．ある空間において，原点 O にのみ電荷 Q が置かれたとき，位置 $\vec{r}$（原点からの距離 r）でのこの電荷 Q による電場 $\vec{E}$ は，$\vec{r}$ の単位ベクトル $\hat{r}(\hat{r} = \vec{r}/r)$ を用いて，

$$\vec{E} = k\frac{Q}{r^2}\hat{r} \qquad \left(大きさは \quad E = k\frac{Q}{r^2}\right) \tag{4.11}$$

と表せる．電場の単位は式（4.10）から［N/C］である．電荷 Q_1 による電場を $\vec{E_1}$，電荷 Q_2 による電場を $\vec{E_2}$ とする．ある電荷 Q がそれぞれの電場から受ける力を $\vec{F_1}$, $\vec{F_2}$ とすれば，重ね合わせの原理から，合力 $\vec{F}$ は，

$$\vec{F} = \vec{F_1} + \vec{F_2} = Q\vec{E_1} + Q\vec{E_2} = Q(\vec{E_1} + \vec{E_2}) = Q\vec{E} \tag{4.12}$$

と，電場 $\vec{E_1}$ と電場 $\vec{E_2}$ を足し合わせた $\vec{E}$ で書き表すことができる．これは電場でも重ね合わせの原理が成り立つことを示している．複数の電場がある場合には，足し合わせて 1 つの電場として考えてよい．

2 電気力線

電場は目に見えないものであるが，これを可視化する方法に**電気力線** electric line of force を用いる方法がある．電気力線は空間の各点での電場の方向を結んで書く仮想的な線で，以下の特徴がある．

- 正の電荷から出て，負の電荷に入る．
- 電気力線は途切れることはなく，交わることもない．
- 電気力線の間隔が狭いと電場が強いことを表し，間隔が広いと電場が弱いことを表す．
- 電気力線が曲線となっている所では，その曲線の接線の方向が電場の方向を表す（図 4.5）．
- 単位面積当たりの電気力線の本数は，電場の大きさと同じとする．

図 4.4 (a)，(b) はそれぞれ単一の正の電荷，負の電荷による電場を電気力線で示したものである．図 4.4 のように電荷が 1 点にある場合，点電荷と呼ぶこと

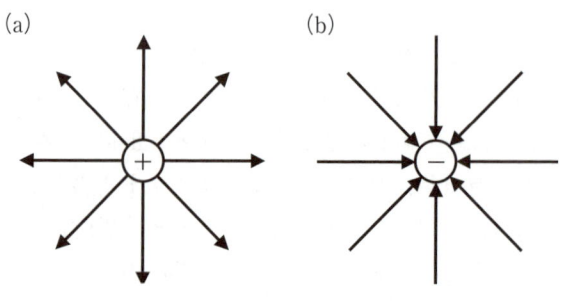

図 4.4　点電荷のつくる電場

がある．式（4.11）と図4.4を見比べてほしい．電荷より遠ざかるにつれて（r が大）電気力線の間隔は広がり，電場の大きさが小さくなることが電気力線により表現されていることがわかる．

図4.5はそれぞれ正の電荷2つ，負の電荷2つ，正と負の電荷による電場を電気力線で図示したものである．(a)，(b) の2つの電荷の中央では，電気力線が交わることがないために折れ曲がっている．(c) に一例を示しているように，電気力線が曲線になっている位置での電場の向きは，その点での電気力線の接線方向になっている．

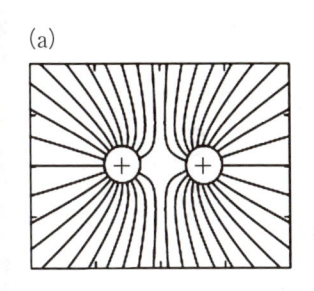

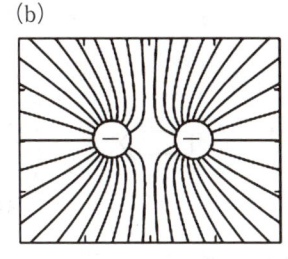

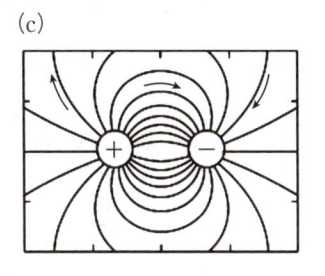

図4.5　複数の電荷による電場

3 ガウスの法則

18～19世紀にかけてのドイツの数学者，物理学者，天文学者であったガウス Gauss は，電気量が Q の電荷を任意の閉曲面（穴のないつながった面）で覆ったとき，誘電率を ε とすれば，

$$\text{閉曲面を垂直に貫く電気力線の本数} = \frac{Q}{\varepsilon} \tag{4.13}$$

であることを見いだした．これを**ガウスの法則** Gauss's law と呼ぶ．閉曲面を垂直に貫く電気力線の本数は，閉曲面の内側から外側に出て行く電気力線の本数から，外側から内側に入ってくる電気力線の本数を引いたものになる．先の電気力線の特徴で述べたように，電気力線の本数は電場の大きさそのものを表しているので，電荷による電場の大きさをこの関係から見積もることができる．原点に正の電荷 Q を置いたときに電荷 Q がつくる電場の大きさをガウスの法則を使って求めてみよう．原点を中心とした半径 r の球面でこの電荷を覆うことにすると，図4.4 (a) より，原点から一様等方に電気力線が出ていき，外から入ってくる電気力線はないので，半径 r の球面を電気力線は垂直に貫いている．電場の大きさを E とすると単位面積当たり E 本ある電気力線が，表面積 $4\pi r^2$ の球面から外側に出て行くので，式（4.13）より，

$$E \times 4\pi r^2 = \frac{Q}{\varepsilon} \Leftrightarrow E = \frac{Q}{4\pi \varepsilon r^2} = k\frac{Q}{r^2} \tag{4.14}$$

となり，式（4.11）と大きさが一致する．

より一般的な場合のガウスの法則

電荷を覆う閉曲面 S の形は任意なので，一般的には貫く電場 $\vec{E}$ と閉曲面が垂直ではないこともある．閉曲面を細かく分割し，その1つの面の微小な面積を dS とする．図のように，電場と面と垂直で面の向きを表す大きさ1の法線ベクトルとがなす角を θ とすると，面を貫く電場の面に垂直な成分は $\vec{E} \cdot \vec{n} = E\cos\theta$ で表せる．したがって，この微小な面を貫く電気力線の本数は $E\cos\theta\, dS$ となるので，閉曲面すべてで足し合わせれば，閉曲面を貫く電気力線の本数を計算できる．

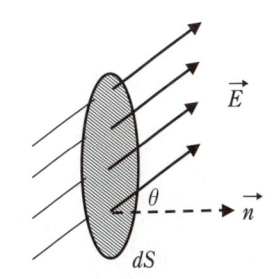

図4.6　曲面を斜めに貫く電気力線

結果として，ガウスの法則は，

$$\int_S E\cos\theta\, dS = \frac{Q}{\varepsilon}$$

と表せる．$\int_S$ は閉曲面全体で $E\cos\theta\, dS$ を足し合わせる積分を表している．

導体内部の電場はどのようになっているだろうか．この問題を考えるために半径 a の金属球を考えよう．今電気量の総量が Q である正の電荷を金属球に帯電させたとする．電荷が金属内部に分布したと仮定すると，図 4.7 のように互いに斥力のクーロン力が働くために，その場にとどまって分布することはできない．最終的には，図 4.7 の右の図のようにすべての電荷が表面に一様に分布することになる．したがって，金属球の内部に電荷は存在しない．ここで金属球内部を覆う閉曲面（例えば，導体球の中心と同じ中心をもち，半径 $r < a$ となるような球面）を考えると，その閉曲面の内側には電荷がないので，式（4.13）のガウスの法則から金属球内の電場 $E = 0$ という結論が導かれる．

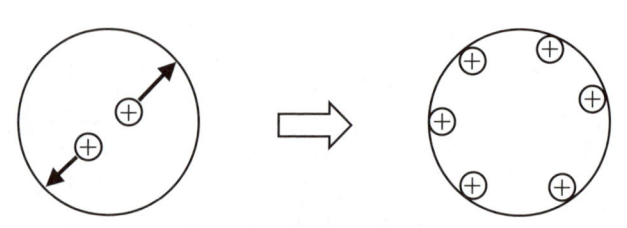

図 4.7　導体球での電荷分布

4.1.2 項のキーワード

□ 電場　　　　□ 電気力線　　　　□ ガウスの法則

4.1.2 項のまとめ

① 電荷によって電場ができる．
② 電場の様子は電気力線で表すことができる．

4.1.3　電　位

1　電位と電圧

電場が存在する空間に電荷が与えられると，その電荷は電場からクーロン力を受ける．第 1 章で学んだように，力を受けた物体には加速度が生じ，運動して移動する．力を加えてどれだけ移動するかは仕事量によって定義できた．同じように，電場によるクーロン力で物体が動けば，電場が物体にした仕事を考えることができる．質量 m の物体を地上から高さ h の位置から落としたとき，物体が地上に落ちるまでに重力がした仕事は mgh で表すことができた．図 4.8 のようにどの場所においても電場の方向が同じで，電場の大きさが E という一様な電場

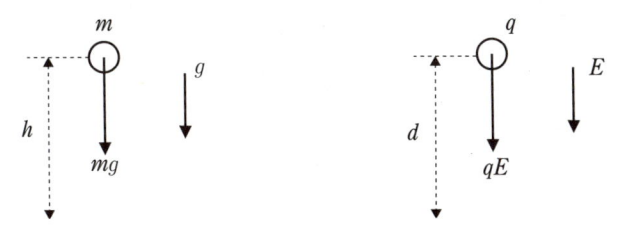

図 4.8　重力による仕事と電場による仕事

E がある空間に電荷 q を置いたとき，電場からのクーロン力でこの電荷が d 動いたとする．

重力による仕事と同様に考えれば，一様な電場 E による仕事 W は，

$$W = qEd \tag{4.15}$$

と書ける．逆に基準の位置から電場による力に逆らってする仕事も式 (4.15) の W であり，重力による位置エネルギー potential energy（位置エネルギーは，ポテンシャルエネルギーと英語のまま呼ばれることも多い）でも同様に考えられたように，基準の位置から電場と逆向きに d 離れた地点では，電場による位置エネルギー W をもっているともいえる．この静電気力による位置エネルギーは**クーロンポテンシャル** Coulomb potential とも呼ばれる．また，単位電荷当たりのクーロンポテンシャルを**電位** electric potential（**静電ポテンシャル**）と呼ぶ．電位を V で表すと，式 (4.15) より，

$$W = \frac{W}{q} = Ed \tag{4.16}$$

となる．電位はスカラー量であり，単位は [V]（ボルト）が使われる．式 (4.16) より，電場の単位は [V/m] とも書けることがわかる．電位 V と距離 d の 2 地点の電位が定まったとき，2 地点の電位の差を**電位差** potential difference という．電位差は**電圧** voltage とも呼ばれ，電位差，電圧とも単位は [V] である．図 4.7 で，位置エネルギーの基準とした場所の電位を 0 [V] と考えれば，式 (4.16) で表される V は電位差を表しているともいえる．2 点間に電位差 V がある場合，電位の高い点から低い点へ向かう向きに電場が存在する．電位の低い点から高い点にある電荷 q を移動するとき，ある力が電場に抗してする仕事 W は，式 (4.16) より，

$$W = qV \tag{4.17}$$

と表すことができる．電場が一様でないときは，式 (4.16) は使えない．例えば，原点に置いた正の点電荷 Q による電場は，図 4.4 の電気力線で表せるように，一様ではない．このような場合には，この電場中に正の電荷 q を置き，この電荷を動かすために必要な仕事を考えることで電位を計算する．原点に置いた点電荷 Q の電位 V は，電荷 Q による電場に逆らって，正の電荷 q を無限遠方から原点

から距離 r の位置まで動かすための仕事 W(これはクーロンポテンシャルを表している)を計算して得られる.k をクーロン定数とすると,

$$W = k\frac{Qq}{r^2} \tag{4.18}*$$

となるので,式(4.17)より,求める電位 V は,

$$V = k\frac{Q}{r} \tag{4.19}$$

---

* **一様でない電場による電位(点電荷によるクーロンポテンシャル 式(4.18)の導出)**

原点に置いた正の点電荷 Q による電位 V は,電荷 Q によってできる電場による単位電荷当たりの仕事と等しい.電荷 Q による電場 $\vec{E}$ に逆らって,力 $\vec{F}$ を電荷 q に加え,電気力線に沿って微小な変位 $\vec{dr}$ 動かすとき,力 $\vec{F}$ が電荷 q にした微小な仕事 dW は,

$$dW = \vec{F}\cdot\vec{dr} = -q\vec{E}\cdot\vec{dr} = -qEdr$$

と書ける.無限遠から点電荷 Q から距離 r 離れた位置まで動かすのに必要な仕事 W(クーロンポテンシャル)は,点電荷 Q による電場 E に式(4.14)を用いて,

$$W = \int_\infty^r dW = -q\int_\infty^r Edr = -q\int_\infty^r k\frac{Q}{r^2}dr = -kQq\left[-\frac{1}{r}\right]_\infty^r = -k\frac{Qq}{r}$$

となり(式(4.18)),点電荷 Q による電位 V は式(4.19)となる.重力による位置エネルギーを考える際,その基準は任意であったように,クーロンポテンシャルや電位の基準も任意であるが,この例のように一般的には無限遠を基準にとる.

原点に置いた電荷 Q を考え,原点で直交する x,y,z 軸を用いて 3 次元で考えると,原点からのある空間上の点までの距離 r は $r = \sqrt{x^2+y^2+z^2}$ と表せる.式(4.19)で r をこの式で置き換え,x で偏微分してみると,

$$\frac{\partial V}{\partial x} = -k\frac{Q}{r^2}\cdot\frac{x}{r} = -E\frac{x}{r}$$

となる.同様に式(4.19)を y,z で偏微分してみると,

$$\frac{\partial V}{\partial y} = -E\frac{y}{r},\ \frac{\partial V}{\partial z} = -E\frac{z}{r}$$

であり,式(4.11)より,$\vec{r}$ の単位ベクトル $\hat{r}$ を用いると,

$$\left(\frac{\partial V}{\partial x},\frac{\partial V}{\partial y},\frac{\partial V}{\partial z}\right) = -E\left(\frac{x}{r},\frac{y}{r},\frac{z}{r}\right) = -E\hat{r} = -\vec{E}$$

となる.V の x での偏微分は,x 軸方向の勾配(傾き),y での偏微分は,y 軸方向の勾配を表すので,上の式の左辺 $\left(\frac{\partial V}{\partial x},\frac{\partial V}{\partial y},\frac{\partial V}{\partial z}\right)$ は,図 4.9 のような電位 V の分布におけるある地点での勾配を表している.次式で定義されるナブラ(∇)記号を用いると,

$$\nabla \equiv \left(\frac{\partial V}{\partial x},\frac{\partial V}{\partial y},\frac{\partial V}{\partial z}\right)$$

$$\left(\frac{\partial V}{\partial x},\frac{\partial V}{\partial y},\frac{\partial V}{\partial z}\right) = \nabla V$$

と書けるので,最終的に,

$$\nabla V = \vec{E} \Leftrightarrow \vec{E} = -\nabla V$$

と表せる.これは,電位の勾配が電場であることを表す式となっている.

となる．図 4.9 は式（4.19）を元にした電位分布の図になる．正の電荷による図 4.9 の左の図では，中央が正の電荷がある場所で電位が最も高く，電荷からの距離 r に反比例して電位は下がる．負の電荷を表す図 4.9 の右の図の場合には，中央の空間に穴が開いたような図となり，中央の穴の底に負の電荷があり，中央から離れるほど，電位は高く（0 に近づく）なる．

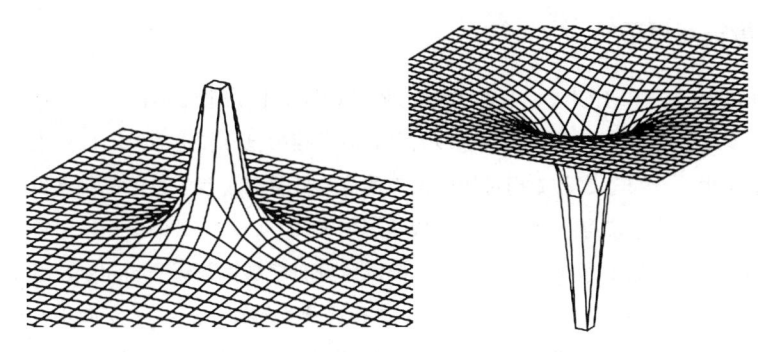

図 4.9 正の電荷（左）と負の電荷（右）による電位（高さが電位）

電位と電場の関係は，図 4.9 の電位を 3 次元的に表した図を山や谷に例えると，山の高さ（谷の深さ）とその山（や谷）のある地点での勾配の関係と一致する．つまり電位の変化が急なところでは，電場の大きさが大きい．傾きが急か緩やかかを見るためには，山の斜面が急か緩やかかを見るのに便利な等高線図を利用すればよい．電位の場合は，等電位面を表す図を利用する．等電位面は，空間において電位が同じ場所を点で結んで作成する曲面になる．等電位面を表す曲面は，その場所における電場（電気力線）と垂直になっている．つまり，等電位面に沿った方向では電場の成分は 0 であり，この方向への移動では電場は常に垂直になるために電場は仕事をしない．図 4.10 は，電気量が同じ正の電荷と負の電荷が空間に存在したときの等電位面を，電荷の中間の軸を含む平面で切ったときの断面を表しており，現れている曲線は等電位線である．線が密になっているところは，電位の変化が急で電場の大きさが大きいことを表している．中央の直線は電位が 0 の線を表している．

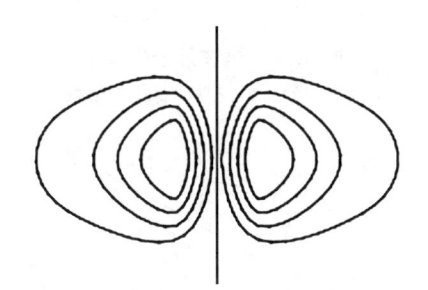

図 4.10 正負の電荷による等電位線の例

図 4.10 の例のように，複数の電荷がある場合の電位は，それぞれの電荷によ

る電位を計算して加えることで得られる．例えば，電荷 Q_1, Q_2 によるある点での電位がそれぞれ V_1, V_2 であるとき，2つの電荷によるその場所の電位 V は，

$$V = V_1 + V_2 \tag{4.20}$$

である．

2 電気双極子

図 4.11 のように HCl や，H_2O などの異種の原子核による極性分子と呼ばれる分子は，電子の分布が電気陰性度の大きい原子核のほうに偏るために，もう一方の電子が少なくなることで相対的に正の電荷の性質が現れ，正の電荷と負の電荷が短い距離のうちに存在するという状態が生まれている．このように正負2つの電荷が微小な間隔で存在するとき，この電荷分布を電気双極子 electric dipole と呼ぶ．今，図 4.12 のように，点 A, B にそれぞれ電荷 $+q$, $-q$ が微小な距離 d で配置されているとする．AB の中点を原点 O とし，各点から空間上の点 P までの距離 AP, BP をそれぞれ r_A, r_B，点 P の位置ベクトルを $\vec{r}$，ベクトル $\overrightarrow{BA}$ と $\vec{r}$ のなす角を θ とする．この2つの電荷による点 P での電位を考えてみよう．

点 A, B の電荷による無限遠を基準にした点 P の電位をそれぞれ V_A, V_B とすると，式 (4.19) より，

$$V_A = k\frac{q}{r_A}, \quad V_B = -k\frac{q}{r_B}$$

したがって，式 (4.20) より，点 P の電位 V は，

$$V = V_A + V_B = kq\left(\frac{1}{r_A} - \frac{1}{r_B}\right) \tag{4.21}$$

と表せる．AB 間の距離 d，図 4.12 で示す角度 θ を用い，原点から離れた点での

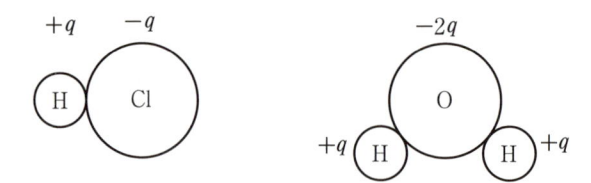

図 4.11　極性分子の様子
q は電荷分布の偏りの様子を表す．

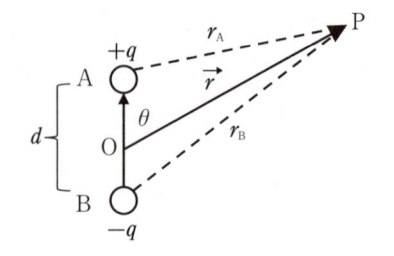

図 4.12　電気双極子

電位を考える場合には，式 (4.21) はさらに計算することができ，

$$V = k\frac{qd\cos\theta}{r^2} \tag{4.22}*$$

と表すことができる．

図 4.12 の電気双極子で，負の電荷から正の電荷へ向かう方向をもち，大きさが電荷間の距離 d であるような位置ベクトルを $\vec{d}$ と表したとき，

$$\vec{p} = q\vec{d} \tag{4.23}$$

と定義したベクトル $\vec{p}$ を 電気双極子モーメント electric dipole moment といい，単位は［C m］で表される．式 (4.22) における角度 θ は，$\vec{p}$ と $\vec{r}$ のなす角であるので，$\vec{p}\cdot\vec{r} = q\vec{d}\cdot\vec{r} = qdr\cos\theta$ であることに注意すると，式 (4.22) は，

---

* **式 (4.22) の導出**

図 (4.12) より，式 (4.21) において，OA = OB = $\dfrac{d}{2}$ であることに注意すると，余弦定理により r_A, r_B は，

$$r_\mathrm{A} = \sqrt{r^2+\left(\frac{d}{2}\right)^2-2r\frac{d}{2}\cos\theta} = \sqrt{r^2+\left(\frac{d}{2}\right)^2-rd\cos\theta} = r\sqrt{1+\left(\frac{d}{2r}\right)^2-\frac{d}{r}\cos\theta}$$

$$r_\mathrm{B} = \sqrt{r^2+\left(\frac{d}{2}\right)^2-2r\frac{d}{2}\cos(\pi-\theta)} = r\sqrt{1+\left(\frac{d}{2r}\right)^2+\frac{d}{r}\cos\theta}$$

と表せるので，

$$\frac{1}{r_\mathrm{A}} = \frac{1}{r}\left\{1+\left(\frac{d}{2r}\right)^2-\frac{d}{r}\cos\theta\right\}^{-\frac{1}{2}}$$

$$\frac{1}{r_\mathrm{B}} = \frac{1}{r}\left\{1+\left(\frac{d}{2r}\right)^2+\frac{d}{r}\cos\theta\right\}^{-\frac{1}{2}}$$

となる．今電位を求めたい場所が $r \gg d$ を満たしていれば，他の項に比べて非常に小さい 2 次の量 $\left(\dfrac{d}{2r}\right)^2$ を無視することができるので，x が微小のとき近似式 $(1+x)^a \sim 1+ax$ が成り立つことが利用できる．すると r_A の逆数を表す式は，

$$\frac{1}{r_\mathrm{A}} = \frac{1}{r}\left\{1+\left(\frac{d}{2r}\right)^2-\frac{d}{r}\cos\theta\right\}^{-\frac{1}{2}} \sim \frac{1}{r}\left(1-\frac{d}{r}\cos\theta\right)^{-\frac{1}{2}} \sim \frac{1}{r}\left(1-\frac{d\cos\theta}{r}\right)$$

となり，同様に r_B の逆数を表す式も簡単になり，

$$\frac{1}{r_\mathrm{B}} \sim \frac{1}{r}\left(1-\frac{d\cos\theta}{2r}\right)$$

となる．これらを式 (4.21) に代入して点 P の電位 V を求めると，

$$V = kq\left\{\frac{1}{r}\left(1+\frac{d\cos\theta}{2r}\right)-\frac{1}{r}\left(1-\frac{d\cos\theta}{2r}\right)\right\} = k\frac{qd\cos\theta}{r^2}$$

となる．

$$V = k\frac{qd\cos\theta}{r^2} = k\frac{qdr\cos\theta}{r^3} = k\frac{\vec{p}\cdot\vec{r}}{r^3} = k\frac{\vec{p}\cdot\hat{r}}{r^2} \tag{4.24}$$

とも表すことができる．ここで，$\hat{r}$ は $\vec{r}$ の単位ベクトルである．この式から電気双極子モーメントによる電位は，距離 r の 2 乗に反比例し，電気双極子モーメントの大きさに比例することがわかる．この電位の等電位面は図 4.10 のようになる．電気双極子が n 個のように複数あるような場合の電位 V は，n 個の双極子モーメント $\vec{p_1}, \vec{p_2}, \cdots, \vec{p_n}$ の総和を $\vec{p}$ とすると，式 (4.24) と同じになる．この電位に対応する電場 $\vec{E}$ を求めると，

$$\vec{E} = k\frac{3(\vec{p}\cdot\hat{r})\hat{r} - \vec{p}}{r^3} \tag{4.25}^*$$

となる．この電場を表す電気力線は，図 4.5 (c) のようになる．

4.1.3 項のキーワード

- □ クーロンポテンシャル　□ 電位　　　　　　　□ 電圧
- □ 電気双極子　　　　　　□ 電気双極子モーメント

4.1.3 項のまとめ

① 電場による位置エネルギーをクーロンポテンシャルという．

---

* 式 (4.25) の導出

$\vec{E} = -\nabla V$ であることと式 (4.24) より，

$$\vec{E} = -\nabla V = -\nabla\left(k\frac{\vec{p}\cdot\vec{r}}{r^3}\right) = -k\nabla\left(\frac{\vec{p}\cdot\vec{r}}{r^3}\right) = -k\left\{(\vec{p}\cdot\vec{r})\nabla\left(\frac{1}{r^3}\right) + \frac{1}{r^3}\nabla(\vec{p}\cdot\vec{r})\right\}$$

$$= -k\left[(\vec{p}\cdot\vec{r})\left(\frac{-3}{r^4}\hat{r}\right) + \frac{1}{r^3}\left\{(\vec{r}\cdot\nabla)\vec{p} + (\vec{p}\cdot\nabla)\vec{r} + \vec{p}\times(\nabla\times\vec{r}) + \vec{r}\times(\nabla\times\vec{p})\right\}\right]$$

$$= -k\left\{-3\left(\vec{p}\cdot\frac{\vec{r}}{r}\right)\frac{\hat{r}}{r^3} + \frac{1}{r^3}(\vec{p}\cdot\nabla)\vec{r}\right\}$$

$$= -k\left\{\frac{-3(\vec{p}\cdot\hat{r})\hat{r}}{r^3} + \frac{1}{r^3}\left(p_x\frac{\partial}{\partial x} + p_y\frac{\partial}{\partial y} + p_z\frac{\partial}{\partial z}\right)(x, y, z)\right\}$$

$$= -k\left\{\frac{-3(\vec{p}\cdot\hat{r})\hat{r}}{r^3} + \frac{1}{r^3}(p_x, p_y, p_z)\right\} = -k\left\{\frac{-3(\vec{p}\cdot\hat{r})\hat{r}}{r^3} + \frac{\vec{p}}{r^3}\right\} = k\frac{3(\vec{p}\cdot\hat{r})\hat{r} - \vec{p}}{r^3}$$

となる．導出には，r を原点から 3 次元空間上のある点までの長さとし，$\vec{r} = (x, y, z)$, $r = \sqrt{x^2+y^2+z^2}$, $\hat{r} = \vec{r}/r$ としたとき，x, y, z の関数の a, b をスカラー，$\vec{A}$, $\vec{B}$ をベクトル，$\vec{p} = (p_x, p_y, p_z)$（成分は x, y, z の関数でない値をもつ）としたとき，

$\nabla(ab) = b\nabla a + a\nabla b$
$\nabla(\vec{A}\cdot\vec{B}) = (\vec{B}\cdot\nabla)\vec{A} + (\vec{A}\cdot\nabla)\vec{B} + \vec{A}\times(\nabla\times\vec{B}) + \vec{B}\times(\nabla\times\vec{A})$
$\nabla r^n = nr^{n-1}\hat{r}, \nabla\vec{p} = 0, \nabla\times\vec{p} = \vec{0}, \nabla\times\vec{r} = \vec{0}$

を用いた．

② 単位電荷当たりのクーロンポテンシャルを電位（静電ポテンシャル）という．
③ 電気双極子による電位は，電気双極子モーメントに比例し，双極子からの距離の2乗に反比例する．

4.2 荷電粒子が運動している場合

　これまでは，静止した荷電粒子が周りにどのような変化を及ぼすか，静止した荷電粒子同士の相互作用について述べてきた．現実的には，荷電粒子として考えることができるイオンや極性分子などは，力を受けた後運動をはじめる．この節では，このように荷電粒子が運動をした場合，どのような変化が起きるのか，どのような相互作用が起こるのかを学ぼう．

4.2.1 電　流

　電荷の流れを**電流** current と呼ぶ．電流の大きさは単位時間当たりにある断面を通る電荷の電気量で定義され，単位は［A］（アンペア）が使われる．時間 t［s］の間にある断面を通る電気量が Q［C］である場合の電流の大きさ I［A］は，

$$I = \frac{Q}{t} \tag{4.26}$$

である．電流はスカラー量であるが，電流の流れる向きを考える場合には，正の電荷が動いている方向（速度の向き）が電流の向きとなる．負の電荷が流れている場合には，電流の向きは負の電荷が動いている方向と逆向きとなる．例として電化製品内部の導線を流れる電流を考えてみよう．導線とは電流を流すための金属線である．導線の両端に電圧を生じさせると，金属内部にある電子が電場による力を受けて動き出して電流となる．このように金属内部で動く電子は**自由電子** free electron と呼ばれる．電子の流れなので，1個あたり $-e$［C］の電荷をもった荷電粒子が様々な速度で導線中を流れていることになる．図 4.13 のように，断面積 S［m²］の導線を電子が流れている．この電子の平均の速さを v［m/s］とすると，t［s］間に移動する距離は vt［m］になるので，t［s］間に通り過ぎる導線の体積は，円柱の体積になるので vtS［m³］．導線には単位体積当たり n［個/m³］の電子

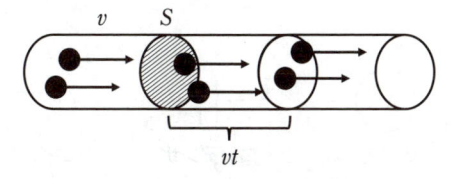

図 4.13　導線を流れる電流

が存在するとすれば，この体積中にある電子の数は $nvtS$ [個] になる．電気量でいえば $-nevtS$ [C] となり，電流は正の電荷の流れの向きが正なので，速度の向きと逆向きに $nevtS$ [C] の電荷が流れていることになる．式 (4.26) より電流の大きさ I [A] は，

$$I = nevS \tag{4.27}$$

と表せる．

4.2.1 項のキーワード

☐ 電流

4.2.1 項のまとめ

① 電流は電荷の流れである．

4.2.2 電気回路

1 回路記号と起電力

いくつかの電子部品（素子）を導線でつなぎ，電流が流れるようになっているものを電気回路，または単に回路という．実際の回路は，一般に回路記号（図 4.14）と呼ばれる電子部品などを簡略化した図を組み合わせることで，模式的に回路図として表される．回路に電池を接続すると，電池の両端に生じる電位差（電圧）により，回路に電流が流れる．このように電流を生じる電圧を **起電力** electromotive force と呼び，起電力を保つ装置（今の場合は電池）を電源と呼ぶ．図 4.14 における電池の図では，中央に 2 本ある縦棒のうち右側の長い縦棒は ＋ 極，左側の短い縦棒は － 極を表している．起電力の単位は電圧と同じ [V] である．

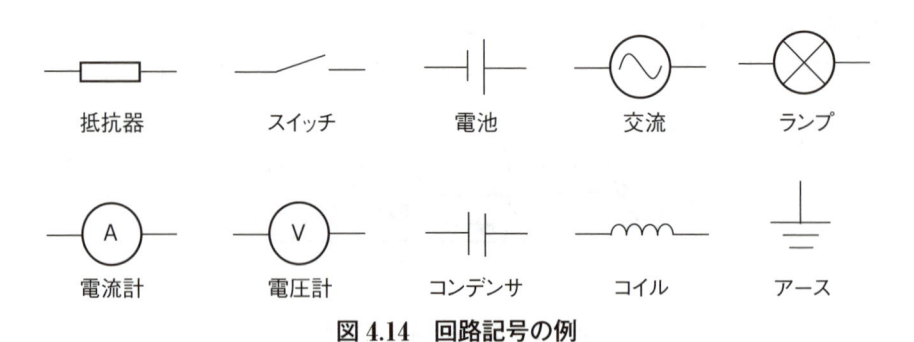

抵抗器　スイッチ　電池　交流　ランプ

電流計　電圧計　コンデンサ　コイル　アース

図 4.14　回路記号の例

2 抵抗とオームの法則

起電力 V をもつ電池を図 4.15 のように長さ L の導体のある回路につなぐと，電流 I が流れたとする．導体のある側のみ図の方向に x 軸を設定する．導体の両端の電位差は V であり，電池の + 極と接続されている導体の右端の方が，導体の左端に比べて V だけ電位が高い状態になっているので，導体には $-x$ 軸方向に電場が存在する．電場の大きさ E は，式 (4.16) より，

$$E = \frac{V}{L} \tag{4.28}$$

と表せる．この電場により導体中の自由電子が力を受ける．電子 1 個が受ける力の大きさ F は，電子 1 個の電気量が e なので，

$$F = \frac{eV}{L} \tag{4.29}$$

である．これとは別に，電子には大きさが電子の速さ v に比例し，運動を妨げる力が働く（力の向きは電子の速度と逆向き）．この力の大きさ F_r は，比例定数 α を用いて $F_r = \alpha v$ と表される．速さが大きくなると，力の大きさが大きくなるため，式 (4.29) による力と F_r が等しくなったとき，つまり $F = F_r$ となると導体中を流れる電子の速さは一定となる．このとき一定となった電子の速さ v は，

$$F = F_r \Leftrightarrow \frac{eV}{L} \alpha v \Leftrightarrow v = \frac{eV}{\alpha L} \tag{4.30}$$

と表される．導体中の電子の個数密度が n，導体の断面積が S であるとすると，流れる電流の大きさ I は式 (4.27) と表されるので，これに式 (4.30) を代入して次式を得る．

$$I = neS \cdot \frac{eV}{\alpha L} = \frac{ne^2 S}{\alpha L} V \tag{4.31}$$

このとき，

$$R = \frac{\alpha}{ne^2} \frac{L}{S} = \frac{1}{\sigma} \frac{L}{S} \quad \left(\text{ここで } \sigma = \frac{ne^2}{\alpha} \right) \tag{4.32}$$

とおけば，式 (4.31) は，

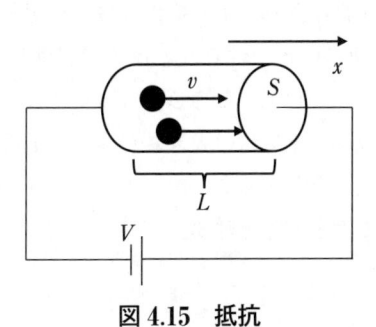

図 4.15 抵抗

$$I = \frac{V}{R} \tag{4.33}$$

と書くことができる．式 (4.33) は**オームの法則** Ohm's law と呼ばれる．R が大きいと回路に流れる電流が減るので，R は電流の流れにくさを表していると考えられる．R は**電気抵抗** electric resistance または単に**抵抗** resistance と呼ばれ，単位は［Ω］（オーム）である．式 (4.32) において，は**導電率**または**電気伝導度** electric conductivity と呼ばれ，単位は［1/Ωm］または［S/m］（Sはジーメンス siemens）が使われる．逆数の $\frac{1}{\sigma}$ は**抵抗率** electric resistivity と呼ばれ，単位は［Ω m］である．この式から抵抗の大きさは，導体の長さに比例し，断面積に反比例することもわかる．

さて，式 (4.29) による力が電子にする仕事の仕事率 P を求めてみよう．力の向きと電子の速度が同じ向きなので，電子1個に対する仕事率は Fv で表すことができる．電子の個数は nSL になるから，式 (4.27) も用いて，

$$P = nSL \cdot Fv = nSL \cdot \frac{eV}{L} v = nevS \cdot V = IV \tag{4.34}$$

となる．この電流による仕事率を**電力** electric power と呼ぶ．電力の単位は仕事率と同様［W］である．$F = F_r$ のため運動を妨げる力 F_r による仕事率も式 (4.34) で表すことができるが，これは熱に転換して外へ逃げていく．発生する熱量を Q とすると，時間 t の間に，

$$Q = IVt \tag{4.35}$$

の熱が発生することになる．この熱を**ジュール熱** Joule's heat と呼ぶ．熱はエネルギーなので，単位は［J］である．

3　コンデンサ

真空中に同じ大きさの薄い金属板2枚を平行に置き，起電力が V の電池を図 4.16 のように接続した．導線の抵抗は考えず，金属板の間隔 d は金属板の大きさに比べてずっと小さいとする．このように接近した2つの導体は**コンデンサ** capacitor と呼ばれ，コンデンサの金属板は極板という．電池が接続されると，電池の－極からは電子が供給され，下の極板に負の電荷がたまっていく．一方上の極板からは電池の＋極に引きつけられる電子が移動し，正の電荷が残った状態になる．極板間の電位差が起電力と等しくなったところで電荷の移動は止まる．結果として，上下の極板には電気量の大きさが等しい正負の電荷が存在する状態となり，コンデンサは電荷を蓄えることができるという特徴をもっている．コンデンサが電荷を蓄えることを充電と呼ぶ．

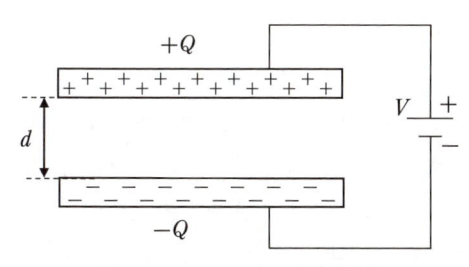

図 4.16　コンデンサと電荷

　図 4.17 (a) は正の電荷の帯電した金属板の電場，図 4.17 (b) は負の電荷の帯電した金属板の電場を表している．金属板の面積を S とし，図 4.17 (a) で考えると，裏表 $2S$ の表面積の閉曲面の中に電荷 $+Q$ があるので，ガウスの法則（式 (4.13)）より，電場の大きさ E_1 は，

$$E_1 = \frac{Q}{2\varepsilon_0 S} \tag{4.36}$$

となる．これは，表または裏のみで考えたとすると，それぞれ面積 S の表面には $\frac{Q}{2}$ の電荷が存在することを表している．同様に図 4.17 (b) による電場 $\vec{E_2}$ の大きさも，

$$E_2 = \frac{Q}{2\varepsilon_0 S} \tag{4.37}$$

となる．電場は重ね合わせの法則が成り立つので，図 4.17 (a) と (b) を足し合わせてみると，図 4.17 (a) の上側，図 4.17 (b) の下側の電場はそれぞれ逆向きで同じ大きさの電場の重ね合わせで 0 となり，残るのは図 4.17 (c) のように金属板に挟まれた空間の電場 $\vec{E}$ だけになる．この電場の大きさ E は，

$$E = E_1 + E_2 = \frac{Q}{\varepsilon_0 S} \tag{4.38}$$

となる．負の電荷がある金属板の電位を基準とし，正の電荷がある金属板の電位を V とすると，電場 $\vec{E}$ は一様なので，式 (4.17) を用いて，

$$V = Ed = \frac{Qd}{\varepsilon_0 S} \Leftrightarrow Q = \frac{\varepsilon_0 S}{d} V = CV \tag{4.39}$$

と表せる．C はコンデンサが蓄えられる電気量を決める **電気容量** capacitance と

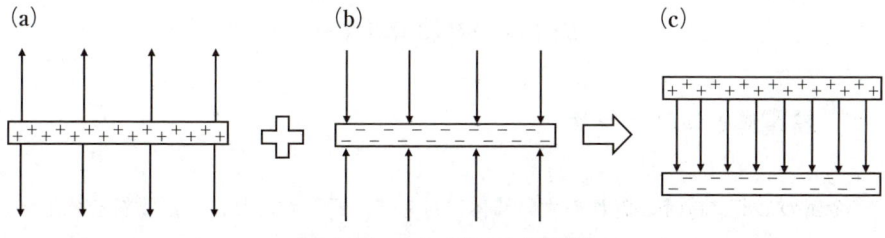

図 4.17　コンデンサの電場

呼ばれる値であり，単位は［F］（ファラド）である．式（4.39）から，電気容量は，金属板の面積に比例し，金属板間の距離に反比例することがわかる．

コンデンサに電荷が蓄えられた状況で，図 4.16 の電池をスイッチに変更し，スイッチを押して回路を閉じる．すると，下の極板に貯まっていた電子が上の極板まで移動していき，コンデンサの極板上の電荷がなくなるまで続く．これをコンデンサの放電という．コンデンサの放電は，コンデンサが電荷に対して仕事をした（電荷を動かしている）ということなので，コンデンサにはエネルギーが存在したということになる．そのエネルギー W' は，式（4.17）で決まる電池が電荷に対してした仕事の一部がコンデンサに蓄えられたものである．W' は放電時に充電とは逆向きの電流が流れることからわかるように，電池がコンデンサの極板間の電圧に逆らってする仕事である．極板にたまる電気量は充電が終わるまで変化するので，途中の電気量を q，その時の極板間電圧を v とすると，式（4.39）より $q = Cv$（C は一定の値）が成り立つことから q と v のグラフは図 4.18 のようになる．ある時点での極板間の電圧が v でそのとき，極板の電気量が Δq 増えたとすると，増えた電荷を極板間電圧に逆らって運ぶのにされた仕事は $W' = v\Delta q$ になる．

これは，図 4.18 における長方形の面積に等しいので，極板の電気量が 0 である状態から，最終的に極板に貯まる電気量 Q までの仕事 W' は，図 4.18 の網掛けの部分（三角形）の面積で表されるので，

$$W' = \frac{1}{2}QV \tag{4.40}$$

となる．これを**静電エネルギー** electrostatic energy と呼んでいる．電池がする仕事 $W = QV$ と静電エネルギーとの差は，ジュール熱となって失われる．

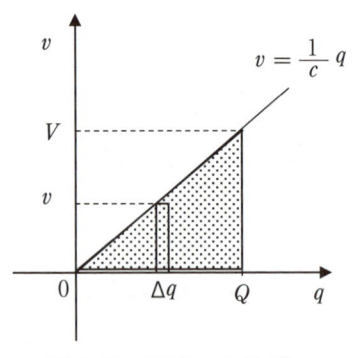

図 4.18 静電エネルギー

4 誘電体とコンデンサ

金属のように電流の流れやすい導体に対して，電流が流れにくい物質を**絶縁体** insulator という．絶縁体は**誘電体** dielectric ともいわれる．誘電体をコンデン

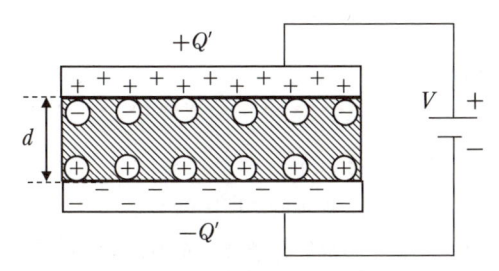

図 4.19 誘電体とコンデンサ

サの極板間に挿入すると，正の電荷が帯電している極板に近い誘電体の表面には，正の電荷によるクーロン力に引っ張られて電子の分布に偏りができるために負の電荷が現れ，負の電荷が帯電している極板に近い誘電体の表面には正の電荷が現れる．この現象を**誘電分極** dielectric polarization という．誘電分極によって誘電体表面に現れた電荷を**分極電荷** polarization charge という．分極電荷の電気量の大きさを q とすると，誘電分極により，コンデンサの極板上の電荷による電場とは逆向きの電場ができ，誘電体内の電場の大きさ E' は，誘電体を挿入する前のコンデンサに貯まる電気量 Q，極板間の電場の大きさ E を用いて，

$$E' = \frac{Q-q}{\varepsilon_0} = \frac{Q-q}{Q}E = \left(1 - \frac{q}{Q}\right)E \tag{4.41}$$

と表せ，誘電体を挿入すると極板間の電場が小さくなることがわかる．したがって，極板間の電圧が起電力と同じになるには，$Q' = Q + q$ を満たす電荷 Q' が極板に貯まることになる（図 4.19）．すなわち誘電体を挿入すると，コンデンサの電気容量が増加する．誘電体挿入後の極板に貯まる電荷の挿入前の電荷に対する比，誘電体挿入後の電気容量の誘電体挿入前の電気容量に対する比は，4 章の最初で学んだ比誘電率 ε_r である．このときの電気容量を C'，誘電体を挿入する前のコンデンサの電気容量を C，起電力を V とすると，式（4.39）より，$Q' = C'V$，$Q = CV$ が成り立つことから，辺々割って，

$$\frac{Q'}{Q} = \frac{Q+q}{Q} = 1 + \frac{q}{Q} = \frac{C'}{C} = \varepsilon_r \tag{4.42}$$

となる．比誘電率 ε_r は 1 より大きいことから，式（4.42）はコンデンサに誘電体を挿入すると，電気容量，貯められる電気量が増加することを表している．

4.2.2 項のキーワード

☐ 起電力　　☐ オームの法則　　☐ 電気伝導度　　☐ 電力
☐ ジュール熱　☐ 静電エネルギー　☐ 誘電分極

4.2.2 項のまとめ

① 電流を生じる電圧を起電力という．
② 抵抗は導体の長さに比例し，断面積に反比例する．
③ 誘電体により，コンデンサの電気容量は，元の容量の比誘電率倍となる．

4.2.3 磁　場

　回路の側に磁気コンパスを置き，回路に電流を流すと磁気コンパスの針が振れる．磁気コンパスの近くに磁石をおいても同様の現象が起こることから，電流が流れる導線は磁石のような性質をもつことが推察される．ここでは，まず磁石に関連する性質を学び，電流のまわりの性質を学ぼう．

1　磁極と磁場

　磁石にはN極とS極がある．この2つを磁極 magnetic pole という．磁極には次のような特徴がある．
- 磁極にはN極，S極がある．
- 同種の磁極同士（N極とN極，S極とS極）には斥力が働き，異種の磁極同士（N極とS極）には引力が働く．
- 磁極は単独で存在せず，常にN極とS極が一緒に現れる．

　磁極間に働く斥力や引力を磁気力または磁力 magnetic force といい，磁気力が強いと「強い磁石」などといわれる．物理量としては，磁極がもつ磁気量 magnetic charge の大小で特徴付けられる．磁気量の単位は［Wb］（ウェーバー）である．クーロンは，電荷間に働く静電気力についてだけでなく，磁極間に働く磁気力についても同様の法則を発見した．式（4.8），図4.1の時と同様に，距離 R だけ離れた点 A, B があり，それぞれに磁気量 Q_{Am}, Q_{Bm} の同種の磁極があるとする．点 A, B の位置ベクトルをそれぞれ $\vec{r}_A$, $\vec{r}_B$ とすると，点 A から点 B に向かう $\vec{R}$ は $\vec{R} = \vec{r}_A - \vec{r}_B$ であり，$\vec{R}$ の単位ベクトル $\hat{R}$ を用いれば，このとき点 B に働く力 $\vec{F}$ は，

$$\vec{F} = k_m \frac{Q_{Am} + Q_{Bm}}{R^2} \hat{R} \tag{4.43}$$

と表せる．磁極がN極であれば磁気量を正の値として扱い，S極であれば磁気量を負の値として用いれば，異種の磁極間の引力についても式（4.43）で表すことができる．式（4.43）は磁気力のクーロンの法則と呼ばれる．比例定数 k_m は，一般的に

$$k_m = \frac{1}{4\pi\mu} \tag{4.44}$$

と表される．μは**透磁率** magnetic permeability と呼ばれる定数で，特に真空の透磁率は**磁気定数** magnetic constant とも呼ばれ，

$$\mu_0 = 4\pi \times 10^{-7} \text{ N/A}^2 \tag{4.45}$$

で定義される．電荷の周りに電場が存在したように，磁極の周りには**磁場** magnetic field が存在する．電場から電荷が静電気力を受けたように，磁場 $\vec{H}$ から磁極 Q_m も磁気力 $\vec{F}$ を受ける．このとき，

$$\vec{F} = Q_\mathrm{m} \vec{H} \tag{4.46}$$

が成り立つ．磁場の単位は式（4.46）より［N/Wb］である．電場と同様，磁場でも重ね合わせの原理が成り立つ．電荷と磁極の性質は非常によく似たものだが，電荷は正の電荷，負の電荷が独立に存在し得るのに対し，先に書いたように磁極についてはN極，S極が単独で現れることはなく，必ずN極とS極が同時に現れる．このため，図4.20のような棒磁石を中央の点線部分で切断したとすると，切断面にそれぞれ元々ある磁極と別の磁極が現れ，小さい2つの棒磁石となる．

図 4.20　棒磁石の切断と磁極

2　磁力線と磁場のガウスの法則

磁場を視覚的に表す仮想的な線を**磁力線**という．磁力線には次のような特徴がある．
- N極から出てS極に入る．
- 磁力線は途切れることはなく，交わることもない．
- 磁力線の間隔が狭いと磁場が強いことを表し，間隔が広いと磁場が弱いことを表す．
- 磁力線が曲線となっているところでは，その曲線の接線の方向が磁場の方向を表す．
- 単位面積当たりの磁力線の本数は，磁場の大きさと同じとする．

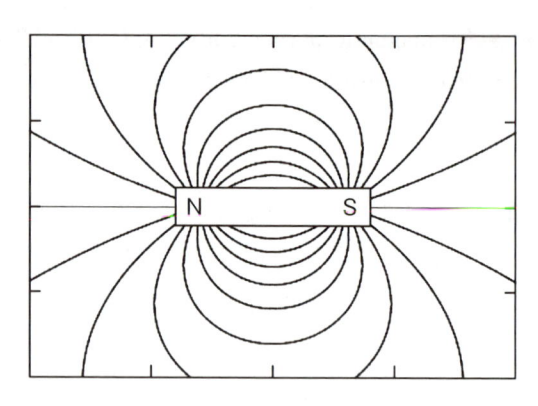

図 4.21　棒磁石のまわりの磁力線

　図 4.21 には，棒磁石のまわりの磁力線を示した．N 極から出た磁力線は S 極に入る．

　電場で成り立っていたガウスの法則は磁場でも成り立つ．ある閉曲面内にある磁極の磁気量が Q_m であるとき，磁場におけるガウスの法則は，

$$閉曲面を垂直に貫く磁力線の本数 = \frac{Q_m}{\mu} \tag{4.47}$$

で表される．

3　磁性体と磁束

　磁極は電荷のように単独で存在しないのだから，N 極と S 極は常に同時に扱う必要がある．微小な間隔で N 極，S 極が並んだものを**磁気双極子** magnetic dipole という．電気双極子のとき（図 4.12）と同様に，S 極から N 極に向かう方向をもち，大きさが磁極の間隔 d に等しい位置ベクトルを $\vec{d}$ とし，N 極のもつ磁気量を Q_m，S 極のもつ磁気量を $-q_m$ としたとき，

$$\vec{p_m} = q_m \vec{d} \tag{4.48}$$

で定義される $\vec{p_m}$ を**磁気双極子モーメント** magnetic dipole moment といい，単位は [Wb m] で表される．磁気双極子モーメントによる磁場を表す磁力線も，図 4.21 のようになる．物質の内部には磁気双極子が存在し，その振る舞いによって物質の磁気的な性質が決まる．磁気的な性質に着目した場合，全ての物質を**磁性体** magnetic material と呼ぶ．外部から磁場をかけられることで物質内部の磁気双極子の向きがそろうと，物質表面にも磁極が現れる．これは物質中の磁気双極子モーメントの和によって，1 つの磁気双極子モーメントが物質全体に現れた状態といえる．物質中の磁気双極子モーメントの総和を $\vec{P_m}$ とし，物質の体積を V としたとき，

$$\vec{M} = \frac{\vec{P_m}}{V} \tag{4.49}$$

で定義される$\vec{M}$を**磁化** magnetization といい，磁化が物質に現れた状態を「磁化された」という．磁化の単位は [Wb/m^2] を用いる．磁性体はこの磁化の現れ方によって以下の3つに分類される．

- 常磁性体 …… 外部磁場と磁化の向きが同じ．
 （例）Al，Ca，Pt，O$_2$ など
- 強磁性体 …… 外部磁場と磁化の向きが同じで，磁化の大きさが非常に大きい．外部磁場をなくしても，物質に磁化が残るため，磁石や磁気を用いた記憶媒体に利用される．
 （例）Fe，Co，Ni など
- 反磁性体 …… 外部磁場と磁化の向きが逆．
 （例）Au，Ag，Cu，ダイヤモンド，C$_6$H$_6$，H$_2$，H$_2$O など

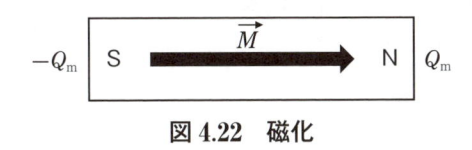

図 4.22 磁化

今，ある物質が真空中で磁化されたとし，磁化を$\vec{M}$とする．電荷の静電誘導（図 4.3）のように，磁化によって分極が起こり，両端に図 4.22 のような磁極 (Q_m) ができたとする．磁化$\vec{M}$は物質内の磁場$\vec{H}$に比例するので，比例定数χ_mを用いて，

$$\vec{M} = \chi_m H \tag{4.50}$$

と表せる．比例定数χ_mを**磁化率** magnetic susceptibility といい，単位は [H/m] である．$\chi_m > 0$ なら常磁性体，$\chi_m < 0$ なら反磁性体を表している．物質の誘電率は，真空の誘電率と磁化率の和で表される．

$$\mu = \mu_0 + \chi_m \tag{4.51}$$

また，

$$\vec{B} = \mu \vec{H} \tag{4.52}$$

で定義される$\vec{B}$は**磁束密度** magnetic flux density と呼ばれる量で，単位としては [Wb/m^2] を読み替えて [T]（テスラ）が用いられる．磁場を表すのに磁力線を用いたように，磁束密度の様子を表すのには磁束線を用い，単位面積当たりの磁束線の本数が，磁束密度の値と等しくなるように描かれる．ある面積を貫く磁束線の本数を**磁束** magnetic flux といい，単位は [Wb] を用いる．図 4.23 は図 4.22 における磁束線の例を書いたものであるが，このように磁束線は必ず閉曲線になるために，ある閉曲面を内側から外側に面を貫く磁束線の本数と，外側から内側へ面を貫く磁束線の本数が常に同じになる．一般的に磁束Φは磁束密

磁化$\vec{M}$によって，図 4.22 のような磁極 (Q_m) ができたとき，磁極を含む部分の表面積をSとすると，磁化ベクトルの向きと磁束線との対応から，

$$MS = -Q_m$$

と書ける．この式に式 (4.50) を用いると，

$$\chi_m HS = -Q_m$$

となる．磁場のガウスの法則（式 (4.47)）より，真空中の磁場と磁極の関係は，

$$HS = \frac{Q_m}{\mu_0}$$

であるから，Q_mを消去すると，

$$\mu_0 HS = Q_m = -\chi_m HS$$
$$\Leftrightarrow (\mu_0 + \chi_m)HS = 0$$

となる．式 (4.51)，(4.52) を用いると，$BS = 0$ となり，磁束 ($\Phi = BS$) の総和が 0 になることがいえる．

図 4.23 磁束線の例

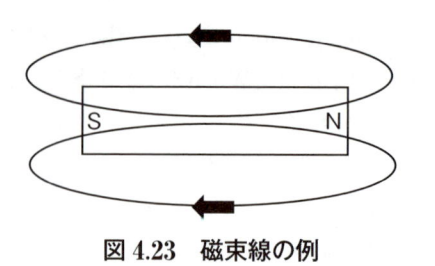

度 $\vec{B}$ と，ある面の面積 S を大きさにもち，この面の大きさ 1 の法線ベクトルを $\vec{n}$ の向きをもつベクトルを $\vec{S}$（面積ベクトル），$\vec{B}$ と $\vec{S}$ のなす角度 θ を用いて，

$$\Phi = \vec{B} \cdot \vec{S} = S(\vec{B} \cdot \vec{n}) = BS \cos \theta \tag{4.53}$$

と表されるが，閉曲面を貫く正味の磁束（内から外が＋，外から内が－としたときの磁束の総和）は 0 になる．

4 電流のつくる磁場

デンマークの物理学者，エルステッド Oersted は実験中に，電流が流れる導線の近くで方位磁針の針が振れることを発見した．フランスの物理学者であったアンペールは，エルステッドの実験を受けて，直線電流とその周りにできる磁場の定式化に成功した．右に回して締まるねじを右ねじという．直線電流によってできる磁場の向きは，電流の流れる方向を右ねじの締まる向きとしたとき，ねじを回す向きに対応している（図 4.24）．これを**右ねじの法則**と呼び，任意の閉曲線 C に沿って足し合わせた磁場が，閉曲線内を貫く電流（の和）I に等しい．

$$\oint_C H_l dl = I \tag{4.54}$$

これを**アンペールの法則** Ampère's law と呼ぶ．式（4.54）で，dl は閉曲線 C の微小な部分であり，H_l は磁場 $\vec{H}$ の dl に平行な成分である．式（4.54）は，もしも磁気量が 1 Wb の磁極が単独で動かせるとすると，この磁極が受ける力は $\vec{H}$ であり，これを微小な dl だけ動かす仕事は，$H_l dl$ であることから 1 Wb の磁気量をもつ磁極を閉曲線 C 上をぐるっと 1 周するのに必要な仕事が，閉曲線内を貫く電流（の和）に等しいことを表している．図 4.24 のように直線電流 I から距離 r 離れた場所での磁場は，閉曲線の長さが $2\pi r$ であることから，

$$2\pi r H = I \Leftrightarrow H = \frac{1}{2\pi r} \tag{4.55}$$

で表される．式（4.55）より，磁場の単位は［A/m］も用いられる．

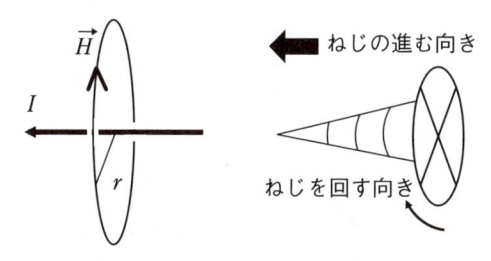

図 4.24　アンペールの法則と右ねじの法則

次に円形の導線を流れる電流によってつくられる磁場について考える．今半径 r の円形の導線を大きさ I の電流が流れているとする．このときに円の中心につくられる磁場の大きさ H は，

$$H = \frac{I}{2r} \tag{4.56}$$

で与えられる．磁場の向きはアンペールの法則で考えたのと同様にすればよい．図 4.25 の左の図は円電流に沿って，右ねじの法則を適用している様子を示している．電流の向きが右ねじを回す方向なので，円のそれぞれの地点で円の中心での磁場の向きを考えると，図 4.25 において円の右側から左側に円を垂直に貫く方向になることがわかる．この向きは，右ねじを回す方向と電流の流れる向きを一致させたときに，右ねじの進む方向と同じになる．この円電流がとても小さいときには，円電流のつくる全体の磁場は磁気双極子モーメントのつくる磁場（図 4.21）と一致することが知られている．円の面積 S を大きさにもち，円電流が円の中心につくる磁場の方向をもった面積ベクトル $\vec{S}$ を考えると，磁気双極子モーメントに対応する量 $\vec{p'}_\mathrm{m}$ は，

$$\vec{p'}_\mathrm{m} = \mu_0 I \vec{S} \tag{4.57}$$

で与えられる．一般的には，これを真空の透磁率 μ_0 で割った

$$\vec{m} = I\vec{S} \tag{4.58}$$

を**磁気モーメント** magnetic moment と呼んでいる．磁極が単独で存在せず，磁気モーメントによって磁気双極子を置き換えることができるため，現実的には電流が磁場をつくっていると考えられている．

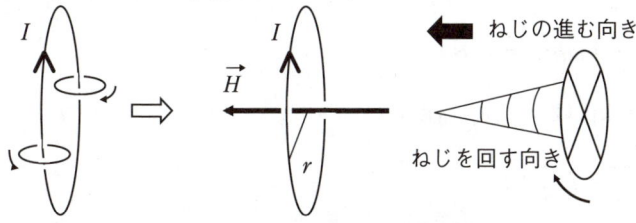

図 4.25　円電流による磁場

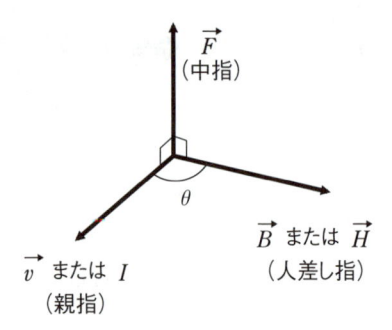

図 4.26 ローレンツ力の向き

5 電磁場中で運動する荷電粒子

　磁場中に運動する荷電粒子が侵入すると，荷電粒子は磁場から力を受ける．この力を**ローレンツ力** Lorentz force という．今速度 $\vec{v}$ で運動する電気量が q の電荷が，磁束密度が $\vec{B}$ の磁場が存在する空間に侵入したとする．このとき荷電粒子が受けるローレンツ力 $\vec{F}$ は，

$$\vec{F} = q\vec{v} \times \vec{B} \tag{4.59}$$

で表される．ベクトルの外積の定義から，ローレンツ力の大きさ F は，$\vec{v}$ と $\vec{B}$ のなす角を θ とすると，

$$F = qvB \sin\theta \tag{4.60}$$

となる．ローレンツ力の向きは，右手を利用して考えることができる．速度の向きを親指，磁束密度の向きを人差し指とし，親指と人差し指の両方に垂直に中指を出したとき，中指の向きがローレンツ力の向きとなる（図 4.26）．電流は荷電粒子の運動によって発生するものなので，電流が流れる導線にもローレンツ力が働く．次に磁束密度が $\vec{B}$ の空間中で，大きさ I の電流が流れる導線の長さ L の部分に働くローレンツ力 $\vec{F}$ を求めてみよう．図 4.13 のように断面積 S の導線中を，電気量 e の荷電粒子が速さ v で運動しているとする．導線中の荷電粒子の個数密度が n であるとすると，長さ L の部分にある荷電粒子の個数は nSL で表すことができるので，長さ L の部分にある荷電粒子の電気量の総量は $nSLe$ となる．これを式（4.59）に代入（$q = nSLe$）すると，

$$\vec{F} = nSLe\, \vec{v} \times \vec{B} \tag{4.61}$$

式（4.27）を用いると，式（4.61）は，

$$\vec{F} = L\vec{I} \times \vec{B} \tag{4.62}$$

となる．ここで $\vec{I}$ は電流の向きをもち，大きさが電流の大きさ I のベクトルである．電流の向きは正の電荷が運動する向き，つまり速度ベクトルの向きなので，

図 4.26 において速度ベクトルの向きを電流の向きで置き換えれば，働くローレンツ力の向きが図 4.26 のようになる．このときのローレンツ力の大きさ F は，$\vec{I}$ と $\vec{B}$ のなす角を θ とすると，式（4.60）と同様に，

$$F = LIB \sin \theta \tag{4.63}$$

と表せる．式（4.52）の通り磁束密度は磁場に比例しているので，式（4.59）や式（4.62）において磁束密度になっている部分は，磁場に置き換えてもローレンツ力の方向を図 4.26 のように決めることができる．

一般的に電場も磁場もあるような空間において，速度 $\vec{v}$ で運動する電気量 q の荷電粒子に働く力 $\vec{F}$ は，電場が $\vec{E}$，磁束密度が $\vec{B}$ であるとすると，

$$\vec{F} = q\left(\vec{E} \times \vec{v} \times \vec{B}\right) \tag{4.64}$$

と表すことができる．

4.2.3 項のキーワード

- ☐ 磁場   ☐ 透磁率   ☐ 磁力線   ☐ 磁気双極子
- ☐ 磁化   ☐ 磁性体   ☐ 磁束密度   ☐ アンペールの法則
- ☐ 右ねじの法則 ☐ 磁気モーメント ☐ ローレンツ力

4.2.3 項のまとめ

① 閉曲面を貫く正味の磁束は 0 になる．
② 磁気双極子による磁場と，磁気モーメントによる磁場は同一である．

4.2.4　電磁誘導，電磁場の方程式

電流は電荷の流れなので，電荷のつくる電場が変化しているとも考えることができる．電場が変化するとアンペールの法則により磁場が得られた．では，磁場が変化したときにはどのようになるだろうか．イギリスの化学者，物理学者であったファラデー Faraday は，閉じた回路に磁石を近づけたり遠ざけたりすると，回路に電流が流れることを発見した．この現象は**電磁誘導** electromagnetic induction と呼ばれている．ここではこの現象について学び，電場と磁場の法則のまとめをする．

1　ファラデーの法則

導線を巻いたものをコイルと呼ぶ．コイルの中心軸に向けて磁石を近づけたり，遠ざけたりすると，コイルに電流が流れる．コイルに電流が流れたということ

は，磁石を動かしたことでコイル上に電流を流す起電力が生まれたことを意味している．この起電力は電磁誘導によって生まれる起電力であるので，**誘導起電力** induced electromotive force と呼ばれる．また，誘導起電力によって流れる電流を**誘導電流** induced current という．磁石を近づけたり，遠ざけたりすることで変化する量は，コイルを形づくる導線が囲む面を貫く磁束である．誘導起電力を V，コイルの巻き数を N，dt の時間の間に磁束が $d\Phi$ 変化したとすると，

$$V = -N \frac{d\Phi}{dt} \tag{4.65}$$

という関係が成り立つ．これを**ファラデーの電磁誘導の法則** Faraday's law of induction という．誘導起電力の値の正負は，誘導起電力の向きを表している．誘導起電力の向きは，その起電力によって流れる電流の向きと同じ向きである．誘導起電力の向きと磁束の変化との関係を直感的に捉えるには，**レンツの法則** Lenz's law を用いるとよい．レンツの法則では，

- 電磁誘導によって発生する誘導起電力は，磁束の変化を打ち消す方向に発生する．

としている．発生した誘導起電力によって導線に流れる誘導電流は，図 4.25 で見たように右ねじの進む方向に磁場をつくる．この磁場が，磁束の変化を打ち消すようになっていると考えればよい．図 4.27 は，コイルに棒磁石を近づけたり，遠ざけたりしたときにコイルに流れる誘導電流の向きを示している．コイルの巻き方は，図 4.27 (a)，(b) のいずれも同じで，手前から上，奥，下，手前の順で巻いている．図 4.27 (a) では，N 極を近づけることで磁束が増加しているので，レンツの法則により，誘導電流によってできる磁場は，これを妨げる方向，つまり図では右向きの磁束密度（磁場）になる．右方向に磁場をつくる電流の向きは図 4.27 (a) のコイル上の矢印の向きである．図 4.27 (b) では，磁石が遠ざかることで，左向きの磁束は減少するので，(a) とは逆に減少した分を補うように誘導電流によって左向きの磁場ができる．左向きの磁場をつくるのは (a) と逆向きの電流である．

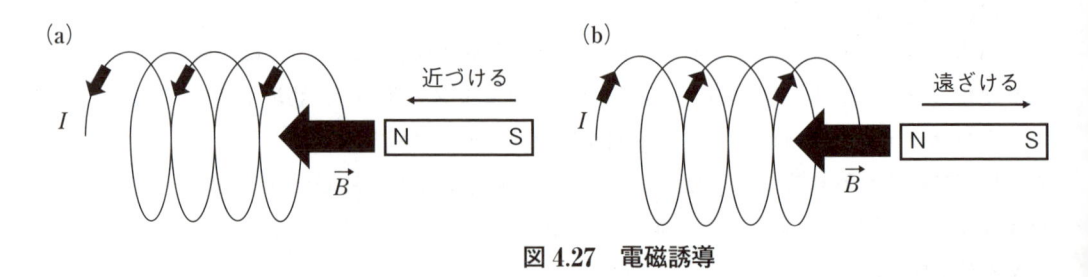

図 4.27　電磁誘導

2　マクスウェルの方程式

イギリスの物理学者マクスウェル Maxwell は，それまで知られていた電磁気

学的な現象を 20 の式にまとめて発表した．マクスウェルの死後，イギリスの物理学者ヘビサイドやドイツの物理学者ヘルツらによって最終的に 4 つの方程式にまとめられた．この 4 つの方程式は，電磁気学の基本方程式となっており，**マクスウェルの方程式** Maxwell's equations と呼ばれている．マクスウェルの方程式は，

$$\varepsilon \int_S E \cos \theta \, dS = Q \tag{4.66}$$

$$\oint_C E_l dl = -\int_S \frac{\partial (B \cos \theta)}{\partial t} dS \tag{4.67}$$

$$\int_S B \cos \theta \, dS = 0 \tag{4.68}$$

$$\oint_C H_l dl = I + \varepsilon \int_S \frac{\partial (E \cos \theta)}{\partial t} dS \tag{4.69}$$

の 4 つである*．θ は微小な面積 dS の大きさが 1 である法線ベクトルと，電場や磁場とのなす角である（図 4.6 を参照）．式（4.66），式（4.68）は，それぞれ式（4.13），式（4.47）に対応しており，電場のガウスの法則と磁場のガウスの法則を表している．E_l は電場 $\vec{E}$ の微小な線分 dl と同じ方向の成分を表している．式（4.67）の右辺は，磁束の時間変化の全体，左辺は電場に長さをかけていることから式（4.16）を思い出すと電圧であり，式（4.67）はファラデーの法則を表していることがわかる．残る式（4.69）は磁場と電流の関係なので，アンペールの法則である．右辺第 2 項はマクスウェルによるもので，次のような電流を表している．

---

*マクスウェル方程式の微分形

微分形の式は次の通りである．

$\varepsilon \nabla \cdot \vec{E} = \rho$　　　（電場のガウスの法則）

$\nabla \times \vec{E} = -\dfrac{\partial \vec{B}}{\partial t}$　　　（ファラデーの法則）

$\nabla \cdot \vec{B} = 0$　　　（磁場のガウスの法則）

$\nabla \times \vec{H} = \vec{J} + \varepsilon \dfrac{\partial \vec{E}}{\partial t}$　　　（アンペールの法則）

最後のアンペールの法則における $\vec{J}$ は，単位面積に垂直な方向に流れる電流で，**電流密度** current density と呼ばれる物理量であり，単位は $[A/m^2]$ である．

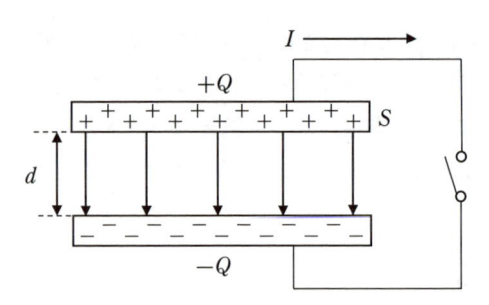

図 4.28 変位電流とコンデンサ

今，真空中で図 4.28 のように電荷がたまっているコンデンサが，スイッチのある回路につながっているとする．コンデンサの電極間の距離は d で，電極の面積は S であり，スイッチを押して回路がつながると，コンデンサの電荷が放電される．極板の電気量の変化が電流になるのだから，スイッチを押してから回路に流れる電流の大きさを I とすると，

$$I = \frac{dQ}{dt} \tag{4.70}$$

が成り立っている．式（4.16）と式（4.39）より，

$$Q = \frac{\varepsilon_0 S}{d} V = \varepsilon_0 E S \tag{4.71}$$

となるので，式（4.70）と式（4.71）とから，

$$I = \varepsilon_0 S \frac{\partial E}{\partial t} \tag{4.72}$$

となる．これは，コンデンサの極板間は導線がないにもかかわらず，極板間の電場の変化が電流と同等であることを示している．この電場の変化による電流を**変位電流** displacement current と呼ぶ．実際の電流と変位電流も含めた一般化された電流のまわりに，アンペールの法則に従った磁場がつくられることを示す式（4.69）は，アンペール-マクスウェルの法則とも呼ばれる．式（4.66）～（4.69）はマクスウェル方程式の積分形と呼ばれる表し方である．

4.2.4 項のキーワード

□ ファラデーの法則　　□ マクスウェルの方程式　　□ 変位電流

4.2.4 項のまとめ

① 磁場の変化により，電流（誘導電流）が流れる．
② 電場，磁場で成り立つ法則は，4 つにまとめることができる．

4.3 電磁波

1 マクスウェルの方程式による波

マクスウェルは，電場と磁場で成り立つ方程式から，電場と磁場による横波がつくられることを発見した．電場と磁場のそれぞれの振動面は直交して伝搬する．これを**電磁波**＊electromagnetic wave と呼び，波の伝搬速度 v は

$$v = \frac{1}{\sqrt{\mu_0 \varepsilon_0}} = c \tag{4.73}$$

であり，光速と一致する．電場が変化すれば，アンペールの法則から磁場ができ，磁場が変化すればファラデーの法則から電場ができる．よって電場と磁場の波は単独で存在するわけではなく，マクスウェル方程式を満たしながら交互にお互いをつくりながら伝搬していく．マクスウェルは自分のまとめた方程式から電磁波の存在を予言し，実験的に得られていた誘電率と透磁率から伝搬速度を計算し，当時ある程度正確に測られるようになった光の速度と同程度になることと，光が横波であることから，光の正体が電磁波であると考えた．その後ドイツの物理学者ヘルツによって，実験的に電磁波の存在が確かめられた．電磁波は，波長もし

＊**マクスウェル方程式から電磁波の式を導出する**

電荷や電流のない真空を仮定すると，マクスウェル方程式の微分形は，

$$\nabla \cdot \vec{E} = 0$$

$$\nabla \times \vec{E} = -\frac{\partial \vec{B}}{\partial t}$$

$$\nabla \cdot \vec{B} = 0$$

$$\nabla \times \vec{B} = \frac{1}{c^2} \frac{\partial \vec{E}}{\partial t}$$

と書ける．一般にあるベクトル $\vec{A}$ に対して，

$$\nabla \times (\nabla \times \vec{A}) = \nabla(\nabla \cdot \vec{A}) - \nabla^2 \vec{A}$$

が成り立つので，

$$\nabla \times (\nabla \times \vec{E}) = \nabla(\nabla \cdot \vec{E}) - \nabla^2 \vec{E} = \frac{\partial}{\partial t^2} \nabla \times \vec{B} = -\frac{1}{c^2} \frac{\partial^2 \vec{E}}{\partial t^2} \Leftrightarrow \nabla^2 \vec{E} = \mu_0 \varepsilon_0 \frac{\partial^2 \vec{E}}{\partial t^2}$$

が得られる．同様に磁束密度に対しても計算でき，

$$\nabla^2 \vec{B} = \mu_0 \varepsilon_0 \frac{\partial^2 \vec{B}}{\partial t^2}$$

となる．速さ v で伝搬する波 $\psi(t, x, y, z)$（波は時刻と位置の関数）は，

$$\frac{\partial^2 \psi}{\partial t^2} = v^2 \nabla^2 \psi$$

なる波動方程式を満たす．マクスウェル方程式から得られた電場と磁束密度が満たす式は，波動方程式となっている．以上の式から電磁波の伝搬速度の式 (4.73) も自然に導出される．

くは周波数によって様々な名称に変わる．表 4.2 は様々な波長や周波数による電磁波の名称である．数字は代表的な値で，境界の値に関しては分野によって異なっている．

表 4.2 様々な電磁波の波長と周波数

名　称	電　波	赤外線	可視光	紫外線	X　線	ガンマ線
波長 [m]	1×10^{-3}	1×10^{-4}	1×10^{-5}	1×10^{-7}	1×10^{-8}	1×10^{-10}
周波数 [Hz]	3×10^{11}	3×10^{12}	3×10^{13}	3×10^{15}	3×10^{16}	3×10^{18}

2 偏　光

電場と磁場はそれぞれ振動する面が直交し，波として交互に空間を伝搬してくるが，電磁波の電場または磁場に特徴的な振動パターンがあるような状態を偏光 polarization という．

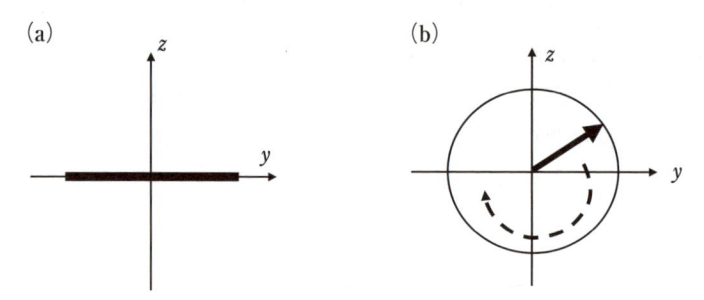

図 4.29 直線偏光と楕円偏光（紙面裏から表が x 軸）

電場の振動が図 4.29 (a) のように直線になっている場合には，直線偏光 linear polarization という．電場の成分によっては，図 4.29 (b) の太い矢印（電場のベクトルを表す）が点線の方向，または逆方向に回転する．一般的には楕円を描くので楕円偏光 elliptic polarization という．

4.3 節のキーワード

□ 電磁波　　　　　　□ 偏光

4.3 節のまとめ

① 電磁波は横波で，光速で伝搬する．
② 電磁波の波長により，名称が異なる．
③ 電磁波は偏光する．

4.4 章末問題

問1 水素原子は陽子1個と電子1個から構成される．この陽子と電子の間に働くクーロン力の大きさは万有引力の大きさの何倍か．万有引力定数を $G = 6.67 \times 10^{-11}$ N m^2/kg^2，陽子の質量を $m_p = 1.67 \times 10^{-27}$ [kg]，電子の質量を $m_e = 9.11 \times 10^{-31}$ kg，水素原子の半径を $r = 0.053$ nm，クーロン定数は $k = 8.99 \times 10^9$ N m^2/C^2，電気素量を $e = 1.60 \times 10^{-19}$ C とする．

問2 右図のように，真空中に正の電荷 $+q$ があり，その3倍の電荷 $+3q$ をもつ正の電荷が距離 r 離れたところに存在する．このとき，それぞれの電荷に働く力を計算し，図示しなさい．

問3 真空中に1辺が r の正方形の3頂点に $+q$，$-q$，$-q$ の電気量をもつ電荷がある．このとき，2つの負の電荷が正の電荷の場所につくる電場の大きさを求め，電場の向きを図示しなさい．

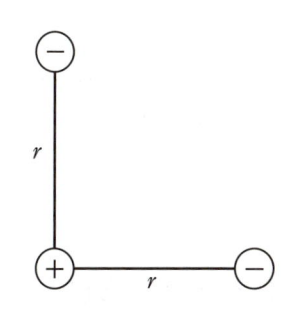

問4 真空中に半径 a の金属球がある．この金属球の表面に全電気量 Q の正の電荷が一様に分布している．このとき，縦軸を電場の大きさ E，横軸を金属球の中心からの距離 r としてグラフを描きなさい．また，縦軸を電位，横軸を金属球の中心からの距離 r とした場合のグラフも描きなさい．

問5 右図のような電気双極子が一様な電場 $\vec{E}$ のある空間に置かれている．このとき，双極子の中心 O 周りの電気双極子にかかるトルクを電気双極子モーメント $\vec{p}$ を用いて表しなさい．

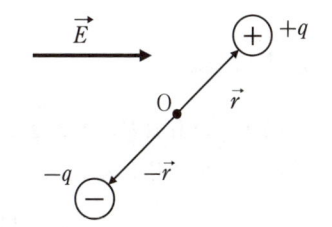

問6 導線を円筒状に巻いたものをソレノイドコイルという．ソレノイドコイルに右図のような大きさ I の電流を流すと，右ねじを回す方向を電流の方向としたとき，右ねじの締まる方向にコイルの軸上に一様な磁場 $\vec{H}$ ができる．コイルの外部には磁場が存在しない．このとき，ソレノイドコイルの軸を含む平面で切った断面が右下の図である．○に×の記号は紙面表から裏への電流の向きを表し，○に・の記号は紙面裏から表への電流を表す．今電流が垂直に横切るような1辺の長さ L の正方形 ABCD を考える．AD，BC はソレノイド内部にできる磁場に平行で，AB，CD は磁場に垂直である．このとき，(1)，(2) の問に答えなさい．

(1) ソレノイド内部の磁場の大きさを H[N/Wb] として，磁気量 1 Wb の磁極を ABCDA の順に1周さ

せるとき，AB, BC, CD, DA それぞれの線分上を動かすのにこの磁場がした仕事をそれぞれ答えなさい．

(2) アンペールの法則によれば，閉曲線に沿って磁場がした仕事が閉曲線の中を貫く電流に等しい．ソレノイドが 1 m 当たり n 回巻きだとして，ソレノイド内部の磁場 $\vec{H}$ の大きさを答えなさい．

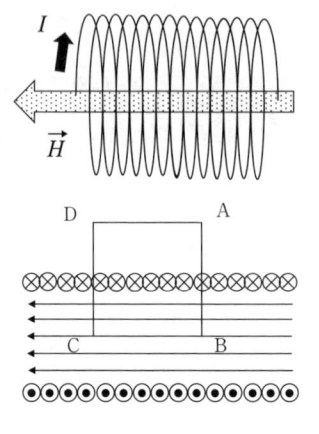

問7　一般的に大きさ I の電流が流れる導線の長さが dl の微小部分が距離 r 離れた場所につくる磁場の大きさ dH は，

$$dH = \frac{Idl\sin\theta}{4\pi r^2}$$

で表される．これをビオ・サバールの法則という．θ は電流の向きと微小部分が磁場をつくる場所の位置ベクトルのなす角である．今図のような半径 r の円に大きさ I の電流が流れている．磁場が重ね合わせできることを用いて，円電流が円の中心につくる磁場の大きさを求めよ．

問8　z 軸の正方向に一様な 1.0 T の磁束密度がある空間がある．ここに 1 個の電子が x 軸の正方向に速度 $\vec{v}$ で運動してきた．このとき，電子は等速円運動を始める．電子の質量 $m_e = 9.11 \times 10^{-31}$ kg，電気素量を $e = 1.60 \times 10^{-19}$ C としたとき，この円運動の回転数（周波数）を求めよ．

解答と解説

問1　万有引力の大きさを F_g，クーロン力の大きさを F_e とすると，陽子と電子のもつ電気量は電気素量で同じなので，

$$F_g = G\frac{m_p m_e}{r^2} = 6.67 \times 10^{-11} \times \frac{1.67 \times 10^{-27} \times 9.11 \times 10^{-31}}{(0.053 \times 10^{-9})^2} = 3.613 \times 10^{-47} \text{ N}$$

$$F_e = k\frac{e^2}{r^2} = 8.99 \times 10^9 \times \frac{(1.60 \times 10^{-19})^2}{(0.053 \times 10^{-9})^2} = 8.193 \times 10^{-9} \text{ N}$$

よって，

$$\frac{F_e^2}{F_g^2} = 2.27 \times 10^{38} \text{ （倍）}$$

第4章　荷電粒子に働く力とエネルギー

問2 真空中なのでクーロン定数を k_0 とすると，式 (4.2) より，クーロン力の大きさ F は，

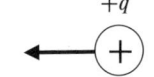

$$F = k_0 \frac{3q^2}{r^2} = \frac{3q^2}{4\pi\varepsilon_0 r^2}$$

となる．式 (4.2) は電気量を入れ替えても同じ形なので，どちらの電荷にも同じ大きさの力が働く．力の向きは，どちらも正の電荷なので図のような斥力の向きになる．

問3 真空中なので，クーロン定数 k_0 を用いて式 (4.11) を適用すると，負の電荷がそれぞれ正の電荷の場所につくる電場の大きさは等しく，それを E_0 とすると，

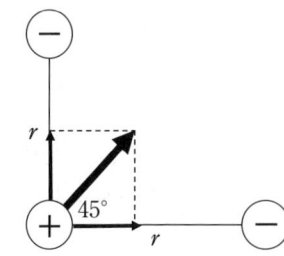

$$E_0 = k_0 \frac{q}{r^2}$$

であり，向きはそれぞれ，正の電荷からそれぞれの負の電荷に向かう向きになる．電場は重ね合わせができるので，ベクトルを足し合わせると，図の 45°の方向の太い矢印が求める電場となる．電場の大きさ E は E_0 の $\sqrt{2}$ 倍であり，

$$E = \sqrt{2}\, E_0 = k_0 \frac{\sqrt{2}q}{r^2}$$

となる．

問4 半径 r が $r < a$ の球面で金属球を覆うと，その球面内に電荷が存在しないので，式 (4.15) より，金属球内の電場の大きさ E は 0．半径 r が $r \geq a$ の球面で覆えば，球面内部に電気量 Q が存在するので，真空の誘電率 ε_0 を用いて，

$$4\pi r^2 E = \frac{Q}{\varepsilon_0} \Leftrightarrow E = \frac{Q}{4\pi\varepsilon_0 r^2}$$

である．電位 V は半径 r が $r \geq a$ の場合には，

$$V = \frac{Q}{4\pi\varepsilon_0 r^2}$$

で，半径 r が $r < a$ では，電場が 0 であることから等電位になる．したがって，電場と電位は下図のようなグラフになる．

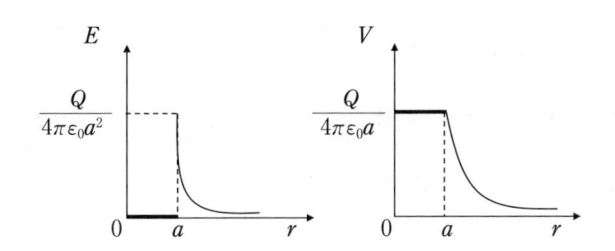

問 5 右図のように，電荷に働く力はそれぞれ，$q\vec{E}$, $-q\vec{E}$ であるので，トルクの定義から，点 O 周りのトルク $\vec{N}$ は，

$$\vec{N} = \vec{r} \times q\vec{E} + (-\vec{r}) \times (-q\vec{E}) = 2\vec{r} \times q\vec{E}$$
$$= 2q\vec{r} \times \vec{E}$$

電気双極子モーメント $\vec{p}$ は，式 (4.36) より，

$$\vec{P} = q(2\vec{r}) = 2q\vec{r}$$

なので，

$$\vec{N} = \vec{p} \times \vec{E}$$

となる．電場のある中では，極性分子などが自由に動ける場合には電気双極子モーメントがこのようなトルクを受けて，電場の向きと電気双極子モーメントの向きがそろう．

問 6

(1) それぞれの線分での仕事を W_{AB}, W_{BC}, W_{CD}, W_{DA} と書くと，線分 DA では，磁場がないため，

$$W_{DA} = 0$$

線分 AB と CD では磁場と垂直な部分と，磁場がない部分であるので，

$$W_{AB} = W_{DC} = 0$$

線分 BC では，磁場の向きの方向に長さ L の分磁極を動かすことになるので，

$$W_{BC} = HL$$

となる．

(2) 閉曲線の内部にある電流は，1 [m] 当たり n 回巻いているので，nL 本の導線が閉曲線を貫いていることになる．したがって，閉曲線内を貫く電流の大きさ I_{total} は，

$$I_{total} = nLI$$

となるので，アンペールの法則より，

$$W = W_{AB} + W_{BC} + W_{CD} + W_{DA} = HL = I_{total} = nLI$$

よって，ソレノイドコイルの内部の磁場の大きさ H は，

$$H = nI$$

である．

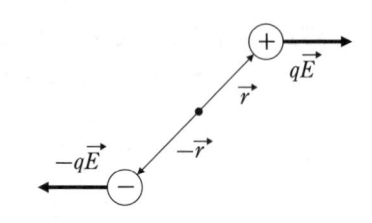

問 7 図より，ビオ・サバールの法則における θ は 90° なので，円電流の微小部分 dl が中心につくる微小な磁場 dH は，

$$dH = \frac{Idl}{4\pi r^2}$$

となる．これを円 1 周分足し合わせればよいので，求める磁場の大きさ H は，

$$H = \int dH = \int \frac{I}{4\pi r^2} dl = \frac{I}{4\pi r^2} \int dl = \frac{I}{4\pi r^2} \times 2\pi r = \frac{I}{2r}$$

となり，式 (4.74) と一致する．

問 8 磁束密度がある空間で荷電粒子が運動する場合にはローレンツ力を受ける．この空間に電子が入ってきた直後は，図 4.26 のように考えれば，電子が負の電荷をもっていることに注意すると，y 軸の正方向にローレンツ力を受ける．運動の方向（速度の向き）と力の向きが直交するので，電子は円運動を始める．円運動の半径 r と，角速度 ω を用いれば，

$$v = r\omega$$

の関係がある．また，ローレンツ力が向心力になるので，式 (4.78) より（θ は 90°），

$$F = m_e r\omega^2 = m_e v\omega = qvB$$

したがって，

$$\omega = \frac{qB}{m_e}$$

回転数（周波数）f は，

$$f = \frac{\omega}{2\pi} = \frac{qB}{2\pi m_e} = \frac{1.60 \times 10^{-19} \times 1.0}{2 \times 3.14 \times 9.11 \times 10^{-31}} = 2.8 \times 10^{10} \text{ Hz} = 28 \text{ GHz}$$

となる．この周波数はサイクロトロン周波数と呼ばれる．この原理を応用した装置をサイクロトロンといい，磁束密度を大きくすることで，荷電粒子に大きな運動エネルギーを与えることができ，放射線治療などで利用されている．

第 5 章

電子と光

　電子はマイナスの電荷をもった軽い粒子で，原子の中ではプラスの電荷をもった原子核の周囲を飛び回っている．原子が他の原子と化学結合をつくるときは，電子のやり取りが起こり，分子が組み立てられる．そのため，電子は原子・分子の性質を決める主役である．また，原子や分子が光を吸収したり放出したりするときにも，それらの中の電子が深く関わっている．我々はそれを利用して化合物の性質を理解し，分子の構造決定や濃度の測定に利用している．

　しかし，電子は我々が普段目にする世界の物質とは大きさだけでなく，ふるまい方が大きく異なる．それは，我々が太陽の表面に立ったときに感じる違いと同じ程度の違いである．最も特徴的な性質は，電子が粒と波の2つの性質をあわせもつことである．その結果として原子中で取り得るエネルギーが連続ではなくとびとびの値になる．さらに，電子の位置が決まった軌道 orbit 上ではなく，確率的に存在しやすいオービタル orbital（これも軌道と訳されるが，前述の orbit と紛らわしい場合は，オービタルという表現で示す）の近くにいると表現される．19世紀末までは，運動の法則に代表されるニュートン力学，および電磁気現象をまとめたマクスウェルの電磁気学で，あらゆる物理現象は説明がつくと思われていた．しかし，20世紀が近づいてくると，これらでは説明のつかない実験結果（例，光電効果など）がいくつも得られ始めた．このような未知の現象に対して，20世紀初頭までに新たな物理学の枠組みが構築されていった．それがこの章でその一端を扱う**量子力学**という体系である．これと対比して，それまでの力学や電磁気学などは，まとめて**古典力学**と呼ばれている．量子力学をもとに，原子だけでなく分子にも応用するようになって生まれたのが**量子化学**である．

　量子力学は，現象を直接目にすることが少なく，説明に用いる数学や確率解釈などの概念が難解なため，直感的理解がむずかしい．ここでは，入門書という立場から煩雑な数式などをできるだけ省き，誤解を生じない程度に省略して大筋だけを説明する．内容は，薬学を学ぶ学生にとって，物理学的な素養として最低限必要となるであろうことに絞って解説する．

ポイント：原子・分子中の電子の様子を描くのが量子化学である．

5.1 電子（電子とはマイナスの電荷をもった質量の小さな粒子である）

時として歴史をたどると，その理論がどのような現象をもとにつくられたかがわかり，物事を深く理解するのに役立つ．ここでは，電子の発見に関係した大切な研究について述べる．

なお，電子や光の詳細は直接目にすることが難しいので，実際に起こっている現象を説明（理由付け）するには，仮説を立てて実験で検証するという方法が使われる．まず，限られた例からたぶんこうだろうという仮説を立てる．次に，その仮説が正しいならこのような実験結果が得られるはずだと予想して実際に実験する．もし予想に反する結果なら，最初に立てた仮説が誤りであったと判断し，実験結果に合うように修正を加える．また，予想通りなら仮説は否定されずに生き残る．例えば，彼が自分に好意をもっていると感じたとする．それを確かめたいときは，まず「彼は自分に好意をもっている」と仮説を立てる．試みに話をして彼に拒否の態度が見えれば，仮説が間違いとわかる．もし彼が受け入れる態度を示したら，仮説が間違っていないとわかるので，次の確認方法を考える．

このような方法を使って，多くの研究者が正しい理論を少しずつつくっていく．この考え方は高校までの学習方法と異なるので，ぜひ慣れてほしい．

5.1.1 ファラデーの電気分解の法則

電気の本性および原子の電気的構造を解明する上での最初の重要な手掛かりは，1833年にファラデー Faraday の電気分解の研究の結果として得られたものである．彼の発見は次の2つに要約される．

(1) ある物質が一定の電気量によって電極に析出するとき，その重量は常に一定である．

(2) ある一定の電気量により電極において析出，発生または溶解するいろいろな物質の質量は，それらの物質の当量に比例する．

当量
2つの物質がちょうど過不足なく反応するときの物質の量の比例関係を表す．「化学当量」，「電気化学当量」のことをいう．

どんな物質でも，当量の中には同数の分子またはその整数分の一のものが含まれている．この電気分解の法則は，原子の存在をはじめて暗示した化学量論の諸法則と似ている．もし一定数の原子が，常に一定量の電気とだけ反応するものとすれば，電気そのものも粒子から成り立っていると考えるのが自然である．したがって，電極での素反応は，1個の分子がこれらの電気的粒子をある小さい整数個だけ結合あるいは喪失するものでなければならない．

ファラデーは自分の仕事のこの深い意味には気が付かなかったが，電気と化学結合との関係については感づいていた．

化学当量には，質量の比を表すグラム当量と物質量の比を表すモル当量がある．ファラデーの時代にはグラム当量が使われ，原子量を原子価で除した値のグラム数で，もともと「酸素原子 7.999 g と反応する原子のグラム重量」と定義されていた（例，水素原子 1 g が水素原子の 1 グラム当量と表された）．酸塩基反応では 1 mol の水素イオンをやり取りする酸・塩基の分子のグラム数，酸化還元反応では 1 mol の電子をやり取りする酸化剤・還元剤のグラム数を 1 グラム当量で表した．今日では，物質の量を物質量で表すことが多いので，グラム当量を使うことはまれである．

電気化学の電極反応は酸化還元反応なので，電荷の移動量と酸化還元反応の量的な関係を表す場合があり，電気化学当量が用いられる．1 mol の電子がもつ電荷は，ファラデー定数 $F = 9.65 \times 10^4$ C・mol^{-1} である．例えば，Ag$^+$ + e$^-$ ⟶ Ag の反応では，9.65×10^4 C の電気（正確には電荷）が流れたときは 1 mol の電子が流れて銀イオンを還元したことになるので 1 mol の金属銀が析出すると表現される．

5.1.2 電子の存在と性質の実験的根拠（トムソンの実験）

通常，気体は電気を通さないが，0.01 気圧以下の圧力で高い電圧をかけると，光を放ちながら電気を導くようになる．気体の圧力を 10^{-4} 気圧まで下げても電気は流れ続けるが，気体の放つ光の明るさは減ってくる．そして加えた電圧が十分高ければ，ガラス容器はかすかに光り，ケイ光を放ち始める．1890 年までに，このケイ光は陰極で発生した「陰極線」が陽極に向かって直進し管壁に衝突して生じることがわかった．また，他の実験によりこの「陰極線」は，ちょうど電流の流れている導線のように，磁場をかけると曲がることも判明した．

1897 年トムソン J. J. Thomson は，陰極線の進路を曲げて電気計の極板に当てると，電気計が負電荷を帯びることを証明した．さらに，陰極線は電場をかけると進路が曲がり，電場の陰極から離れていくことを初めて示した．これらの結果はすべて，放電管内に存在している気体や，放電管の組み立てに用いた材料の種類には関係なく見いだされた．以上のことから，トムソンは「陰極線は物質の粒子が負電荷を帯びたものである」と結論した．

さらにトムソンは，この粒子の性質を調べるために，電荷と質量との比（e/m）を 2 つの異なる方法で決定した．第一の方法は陰極線の衝撃による電極の温度上昇を利用する方法であり，第二の方法は陰極線に電場と磁場とを作用させる方法である．現在一般的に認められている e/m の値は 1.76×10^8 C/g である．

陰極線に対する e/m の値は，電気分解の実験からすでに得られていたイオンに対する値より 1000 倍以上も大きかった．さらに，いろいろなイオンの電荷と質量との比はそれぞれ違っているが，陰極線の e/m は，放電管に詰めた気体の種類には関係なく，一定であった．これらの事実からトムソンは，陰極線が電荷

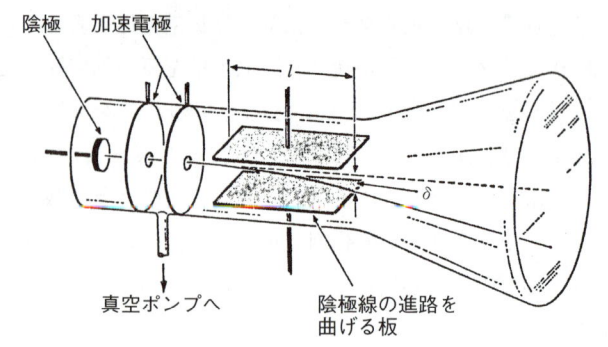

図 5.1 e/m の測定に用いたトムソンの装置の略図
紙面に垂直な，磁場を発生させるためのコイルは省略してある．
（塩見賢吾他訳(1972) メイアン大学の化学 第 2 版 ［II］, p.427, 廣川書店）

を帯びた原子ではなく，原子のかけらの粒子であると結論した．この粒子が今の言葉でいう電子である．

5.1.3 電気の粒子性の実証（ミリカンの実験）

電気の粒子性を最終的に実証したのは，ミリカン R. A. Millikan の油滴実験である．ミリカンは図 5.2 に示した装置を用い，すべての電荷が一定の基本単位，1.6×10^{-19} C の整数倍であることを証明した．

この実験は，測定容器内に噴霧器でつくった球状の油滴を導入して，顕微鏡で観察する．油滴は，空気にラジウムまたは X 線を作用させて生じた気体イオンと衝突して帯電する．まず，電場がゼロのときには，油滴は重力により落下する．空気抵抗があるため，油滴は加速されることなく一定の速度で落下する．次に同じ油滴が電荷 q をもち電場 E の中に置かれたとすると，油滴を上昇させようとする電気的な力は qE に等しい．しかし，重力（mg）の作用もあるので，油滴に働く力の総和は $qE - mg$ となる．そえゆえ，一定になった上昇速度と電場を測定で求め，既知の量と組み合わせて，油滴の電荷 q が求められる．

ミリカンは，多くの油滴の電荷を求め，その差から q がつねに 1.6×10^{-19} C の整数倍であることを見出した．この結果から，電気には粒子性があり，電荷の基本単位がちょうど 1.6×10^{-19} C であることがわかった．この電荷の基本単位が電子の電荷に等しいと仮定すると，e/m の測定値とあわせて，電子の質量は 9.1×10^{-28} g となる．

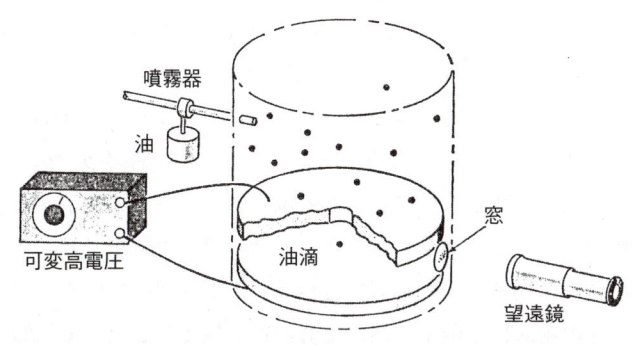

図5.2 電荷の基本単位を測定するミリカンの装置の略図
(塩見賢吾他訳（1973）メイアン大学の化学 第2版［Ⅱ］, p.429, 廣川書店)

5.1 節のキーワード

☐ 電子　　　　　　☐ 電気素量　　　　　　☐ 電子の質量

5.1 節のまとめ

① 電子とはマイナスの電荷をもった質量の小さな粒子であることを説明できる．
② いろいろな定数や理論の背景には実験的な根拠があることを説明できる．

5.2　電子の粒子性と波動性

　化学で原子オービタルを習った時，なぜエネルギーがとびとびになり，決まった軌道でなく電子雲で表すのか，どうしてオービタルはそんな形になるのかなどの疑問を抱いたのではないだろうか．これらは，電子が粒と波の両方の性質をあわせもつことに由来する．しかし，そのような性質は普段目にすることがないので理解しにくい．そのため，この理論は出た当初，当時の化学者に信じてもらえなかった．しかし，それを受け入れざるを得ない現象が見つかってきたので，現在では普通に教えられている．ここでは，このような考えが認められる経過を，大まかに説明する．

5.2.1　現代的な原子模型を思い出そう

　量子化学の発展は，原子模型の発展の歴史と重なる部分が多いので，後の部分と重複する内容もあるが，最初に現代的な原子模型についてまとめておく．

原子の中心にはプラスの電荷をもち，原子の質量の大半を担う原子核が存在する．原子核の大きさは $1 \times 10^{-15} \sim 8 \times 10^{-15}$ m 程度であり，原子の大きさが 1×10^{-10} m 程度であるのに比べると格段に小さい．ちょうど，100 m のグラウンドの真ん中にパチンコ玉を置いたイメージになる．原子番号 p，質量数 a の原子の原子核はプラスの電荷をもつ陽子 p 個と電気的に中性な中性子 $a-p$ 個，合わせて a 個の核子からなる．陽子の数によってその原子の種類（元素）が決まる．

原子核の周りにはマイナスの電荷をもつ電子が飛び回っている．電子1個のもつ電荷の大きさの絶対値は陽子1個の電荷の絶対値と等しい．電気的に中性な原子番号 p の原子内には p 個の電子が存在する．電子がこれよりも多かったり少なかったりすると，その原子は電気を帯びイオンとなる．

電子の質量は陽子や中性子の 1/1840 しかなく，原子核に比べて軽く動きやすいため，重い原子核の周囲を電子が飛び回ることになる．原子の電子配置は，原子の化学的性質を決めている．原子中の電子の中で最外殻の電子は，原子核から一番離れているので原子核からのクーロン力が弱く最も動きやすい．そのため，化学変化では最外殻の電子の動きが最も注目される．

電子は原子核からの電気的な引力を受けているが，惑星のようにある決まった軌跡を描いて原子核の周りを運動しているわけではない．量子力学によれば電子は粒子としての性質だけでなく波動としての性質をもつため，電子の位置は確率でしかとらえることができず，電子は原子核の周りに雲のように広がったある分布として表現される．この電子の分布のことを軌道 orbital といい，s 軌道，p 軌道，d 軌道などが知られている．原子内の電子はある限られた軌道をとることだけが許されている．この軌道は主量子数 n，角運動量量子数（方位量子数）l，磁気量子数 m_l という3つの量子数によって指定される．多電子原子ではエネルギーの一番低い軌道から順に2つずつ電子が入っていく．同じエネルギーの軌道が複数あるときは，1つの軌道に1つずつ電子が入る．これをフント則と呼んでいる．また，パウリの排他原理のため複数の電子が同一の状態を占めることはできない．電子はスピン角運動量をもち，その方向によって2つの異なる状態を取ることができるので，1つの軌道には最大2つまでの電子が入ることができる．

核子
陽子と中性子を総称して核子という．

パウリの排他原理
1つの原子内では，2個以上の電子が同時にエネルギー・スピンなどの同じ状態を取ることはないという原理．

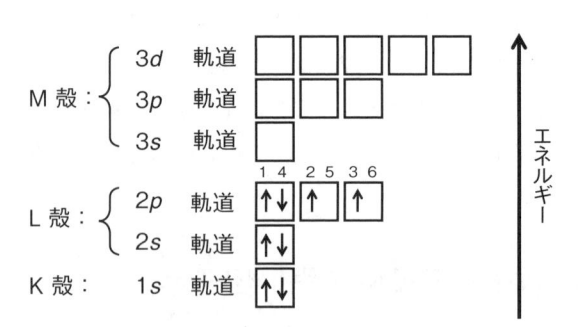

図5.3 軌道のエネルギーと電子の入り方
エネルギーの低い方から電子（↑や↓）が入る．同じエネルギーなら1つの軌道に1つの電子が入り（フント則），次に2個目の電子が逆向きに入る（パウリの排他原理）．

5.2.2 光のエネルギーには最小単位がある（プランクの量子仮説）

1900年，プランクは当時の物理学の課題であった黒体輻射の現象を説明するために，**プランクの量子仮説**と呼ばれる次の仮説を立てた．

　物質を構成する要素（分子，原子，電子など）が，振動数 ν の光を放射または吸収する場合には，そのエネルギーは振動数に比例した量 $h\nu$ ずつ不連続的に変化する．

$h\nu$ を振動数 ν のエネルギー量子，比例定数 h を**プランク定数**といい，その値は $h = 6.6260876 \times 10^{-34}$ J·s である．

これは，エネルギーは不連続的で，どんな値でも取れる量でなく，最小単位が存在する量と考える説である．その最小のエネルギーの塊を**エネルギー量子**と呼び，大きさ ε は，真空中での光速を c，光の波長を λ とすると，

$$\varepsilon = h\nu = h \cdot c/\lambda \tag{5.1}$$

で与えられるとした．これは非常に小さな値であるために，われわれはその不連続性に気がつかないと考えた．

量子説はエネルギーの不連続性を主張している点で画期的な考えであり，現在物理学の基礎をなしている量子論の出発点となった．量子仮説を土台として展開された物理学の理論を総称して量子論といい，1925年以後に発展した部分は量子力学といわれている．

光速
　真空中を進む光の速さは一定で，$c = 3.00 \times 10^8$ m·s^{-1} である．水などの物質中を光が進むときの速さは常に c よりも小さくなり，物質によって決まっている．空気中を進む光の速さはほぼ c に等しい．

5.2.3 光には普通の波と違う性質がある（光電効果）

金属の表面に紫外線，X線，γ 線などの光を当てると，その表面から電子が飛び出す現象を光電効果といい，飛び出す電子を光電子という．一般に金属内部には自由電子が存在し，これらは金属内で陽イオンとなっている原子から引力を受けているので，外部に自由に飛び出すことができない．しかし，光を当ててエネルギーを与えると，電子は金属陽イオンの束縛を振り切って金属の外に飛び出す．

実験によると，光電効果は次の3つの特徴をもっていた．

(1) 光電子が飛び出すためには，当てる光の振動数 ν はある値 ν_0 より大きくなければならず，光の強度にはよらない．つまり，光が弱くても $\nu > \nu_0$ であれば光電子が飛び出してくる．
(2) 光電子のエネルギーは，光の強度によらず振動数 ν によって決まる．
(3) 光の強度を大きくしても光電子のエネルギーは変わらないが，光電子の数が増える．

図 5.4 光電効果

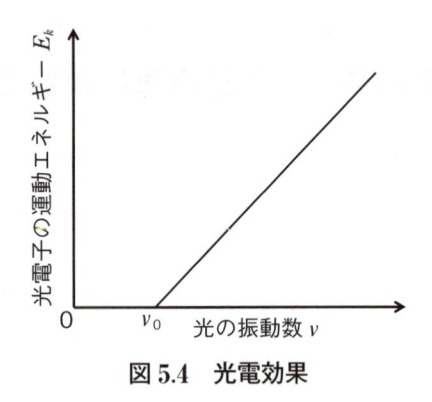

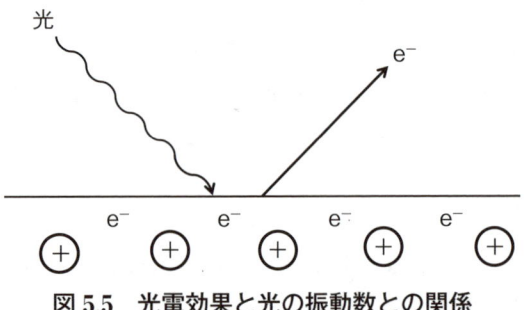

図 5.5 光電効果と光の振動数との関係

　ところで，光を波として取り扱うと，上記の諸性質を説明することは大変困難になる．光が波であるとすると，振動数や波長に関係なく，弱い光（エネルギーの小さい光）より強い光（エネルギーの大きな光）の方が光電効果を起こしやすいと思われる（正弦波のエネルギーは振幅の 2 乗と振動数の 2 乗に比例し，振幅が大きければ振動数が小さくても光電効果は起きるはず）．ところが，(1) の性質はこれに反している．また，照射光が強いほど，エネルギーの大きい光電子が放出されるはずなのに，(2) の性質はこの予想に反するものである．このように，光を波と考えることには無理がある．

5.2.4　アインシュタインの光量子説（光はエネルギーの塊，光子という粒である）

　1905 年アインシュタインは，光がエネルギー $h\nu$ をもつ不連続な粒子，すなわち光子からなるとすれば，光電効果がうまく説明できることを示した．
　この仮説によれば，金属の自由電子は光子からエネルギーをもらい，金属内の束縛から逃れて，光電子として飛び出してくるという描像であり，エネルギーの保存則は次式で表される．

$$(1/2)mv^2 = h\nu - W \tag{5.2}$$

ここで，m は光電子の質量，v は速さ，W は電子を追い出すための最小のエネルギーで金属によって決まるある値（仕事関数と呼ばれる）である．

このように考えれば，強度の強い光（振幅の大きい光）は光子の数が多いというように解釈される．つまり，**光のエネルギーは，振動数で光子自体のエネルギーの大小が決まり，振幅でその数の大小が決まる**と考えるのである．したがって，$h\nu$ が W より小さい光は，いくら強度を上げても，それは光子自体のエネルギーを増やしているわけではなく，数を増やしているに過ぎず，電子に当たったとしても光子のエネルギーが低いために，金属内から電子を飛び出させられないことになる．

5.2.5 水素原子からは決まった波長の光（線スペクトル）だけが観察される

太陽光をプリズムに通すと，いろいろな波長の光が連続的に並んだ虹のような帯が得られる．これを**連続スペクトル**と呼ぶ．金属などから出る光は，その物質固有の離散的な波長しか含まれず，**離散スペクトル**あるいは**線スペクトル**と呼ばれている．

水素原子のスペクトルは，水素気体を放電管に封入して放電させたときに得られる．水素分子は電子にたたかれて水素原子に分解し，さらに余分のエネルギーを光として放出する．そのときに出る光を観測すると，図 5.6 のような離散的な波長の光しか含まれていない．この一連のスペクトルのことをバルマー系列と呼ぶ．

バルマー系列は可視光領域にあるが，その後，紫外領域や赤外領域にも同様な系列が発見され，リュードベリにより統一的に，

$$\frac{1}{\lambda} = R\left(\frac{1}{n^2} - \frac{1}{n'^2}\right) \tag{5.3}$$

と表された．ただし，$n' = n+1$, $n+2$, $n+3$, ……である．$n=2$ がバルマー系列で，$n=1$ はライマン系列，$n=3$ はパッシェン系列と呼ばれ，定数 $R = 1.097 \times 10^7\,\mathrm{m}^{-1}$ は**リュードベリ定数**と呼ばれた．この**式の特徴は，整数を含んでいるため，連続していない現象が表現されていること**である．

434	486		656

図 5.6 水素原子の線スペクトル（nm）
右から H_α, H_β, H_γ である．

5.2.6 ボーアモデルによる水素の線スペクトルの説明と限界

1913年，ボーアは，プランクのエネルギー量子仮説に見られるエネルギーの不連続性の考えを，原子内の電子に適用し，次の3つの仮定をおくことでスペクトルの説明を行った．

(1) 原子内の電子は勝手な値のエネルギーをもたず，**エネルギー準位**と呼ばれる原子特有のエネルギーをもつ．そのエネルギー準位は，安定であり**定常状態**と呼ばれる．

(2) 電子が，あるエネルギー準位 $E_{n'}$ からより低いエネルギー準位 E_n に移動したときに，原子はそのエネルギー差に相当する光を放出し，その振動数 ν は，

$$h\nu = E_{n'} - E_n$$

によって表される．

(3) 定常状態にある電子は，これまで知られている力学の法則に従って運動する．

詳細はコラムで述べるが，ここで許容されるエネルギー E は，

$$E_n = \frac{me^4}{8\varepsilon_0^2 h^2} \cdot \frac{1}{n^2} \quad (n = 1, 2, 3, \cdots\cdots) \tag{5.4}$$

である．

この式には n という整数が含まれていることからわかるように，先の仮定の結果として，ある特定のエネルギーだけが，原子に対して許容される．もっとも簡単な ($Z = 1$) 場合が水素原子である．エネルギー値が負になっているのは，原子中の電子のエネルギーが，基準（ゼロの位置）になる自由電子より低いためである．原子の最も低いエネルギー準位（**基底状態**）は $n = 1$ に相当し，量子数 n が増すにつれて，E の負の値（絶対値）は減少する．$n = \infty$ のとき $E = 0$ となり，これはイオン化された原子に相当し，電子と原子核とが無限に離れた状態である．

水素原子のスペクトルは，式 (5.4) から計算できる．ボーアの第二の仮定によれば，原子から輻射される光子のエネルギーは，2つの準位間のエネルギー差に等しいはずである．光子のエネルギーが正になるように，エネルギー差の絶対値を取り，さらに $c = \lambda\nu$ の関係より，

$$\frac{1}{\lambda} = \frac{me^4}{8\varepsilon_0^2 h^3 c}\left(\frac{1}{n^2} - \frac{1}{n'^2}\right), \quad n' < n \tag{5.5}$$

となる．この $(me^4/8\varepsilon_0^2 h^3 c)$ の部分は，定数しか含んでいないので，これを R と書き直せば，水素の線スペクトルの振動数を表したリュードベリの式に一致する．また，n を2とおき，定数の項を計算すると，この式はバルマーが水素原子

基底状態
原子あるいは分子などが取りうるエネルギーの最も低い状態．外からエネルギーが入れば励起状態となりうる．

励起状態
量子力学的な系の原子・分子などのとりうる状態のうち，最もエネルギーの低い基底状態よりもエネルギーが高い状態．この状態にある原子や分子は，ふつう光を放出してより低いエネルギー状態へ移行する．

のスペクトルについて実験から見出した式と，数値に至るまで一致する．さらにボーアの式は，n の値が違う状態間に予想される遷移と一致するほか，ボーアの仕事が出た後，予想されたスペクトル線についても予想された振動数のところに発見された．

ボーアの理論は，水素原子の線スペクトルの説明に成功した．しかし，ある理論が成功しても，関連したあらゆる実験的事実を説明することができなければ，それは修正したり放棄したりしなければならない．ボーアの理論は，すみずみまで修正が加えられたにもかかわらず，多電子原子のスペクトルを細かく立ち入って説明することができず，また化学結合について満足な模型を提供することができなかったので，12年後には捨て去られることになった．現在では，ボーアの理論は，対応原理とか前期量子論と呼ばれている．

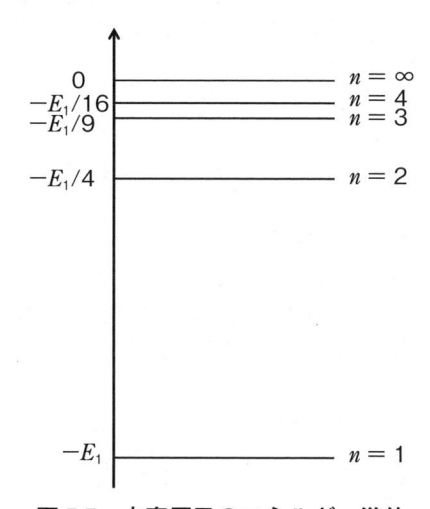

図 5.7 水素原子のエネルギー準位

エネルギー準位図：
- 0 ─── $n = \infty$
- $-E_1/16$ ─── $n = 4$
- $-E_1/9$ ─── $n = 3$
- $-E_1/4$ ─── $n = 2$
- $-E_1$ ─── $n = 1$

◆**確認問題**

リュードベリの式を用い，次の値を求めよ．なお，リュードベリ定数は $R = 1.097 \times 10^5$ cm^{-1} である．

a 水素原子のイオン化エネルギー（基底状態の水素原子から電子を引き離して水素イオンにするときのエネルギー）

b このエネルギーに相当する電磁波の波長

◆**解答と解説**

a 水素原子 1 個当たり 2.18×10^{-18} J，1 mol 当たりなら 1310 kJ mol^{-1}

b 91.2 nm

コラム　ボーアの仮説の意味

定常状態のうち，最もエネルギー準位の低いものを**基底状態**，それ以外を**励起状態**と呼んだ．このボーアの理論は，仮定の (3) で電子は古典力学に従うとしていることからわかるように，その後に完成する量子力学までのつなぎに位置づけられる．

まず，仮定の (1) は電子が特定のエネルギー準位をもつことを述べている．そのために，ボーアは，この特定の準位を指定する条件として，原子核の周りを回る電子の運動量 $p = mv$，軌道半径 r に対して，

$$p \times 2\pi r = nh \qquad (n = 1, 2, 3, \cdots\cdots) \tag{5.6}$$

を導入した．これを書き換えると，$pr = mvr = n(h/2\pi)$ となり，角運動量 mvr が $h/2\pi$ の整数倍でなければならないことを意味し，**量子条件**と呼ばれる．この条件をおいた理由は，こうしておけばうまくスペクトルが導かれたからである．

仮定 (3) から，原子核の周りを電子が等速円運動しているとすると，電子に働く遠心力と向心力がつり合うので，

$$m\frac{v^2}{r} = \frac{1}{4\pi\varepsilon_0} \cdot \frac{e^2}{r^2} \tag{5.7}$$

となる．これに前述の量子条件を加えると，許容される電子-原子核の距離 r は，

$$r = m\frac{\varepsilon_0 h^2}{\pi m Z e^2} \cdot n^2 = a_0 \cdot n^2 \qquad (n = 1, 2, 3, \cdots\cdots) \tag{5.8}$$

となる．ここで，m と v はそれぞれ電子の質量と速度，Z は原子核上の単位電荷 e の数で水素原子では $Z = 1$，r は電子-原子核の距離，ε_0 は真空中での誘電率である．$n = 1$ のときの半径 a_0 は，**ボーア半径**と呼ばれ（$a_0 = 5.29 \times 10^{-11}$ m），水素原子の大きさの目安になっている．

また，許容されるエネルギー E_n は，

$$E_n = -\frac{me^4}{8\varepsilon_0^2 h^2} \cdot \frac{1}{n^2} \qquad (n = 1, 2, 3, \cdots\cdots) \tag{5.9}$$

である．

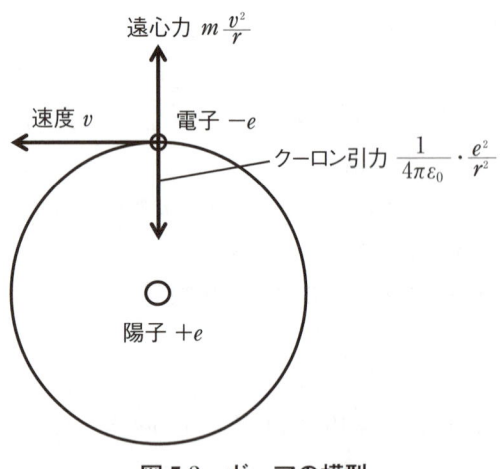

図 5.8　ボーアの模型

運動量 $p = mv$

物体の運動の激しさを示す量．物体の質量 m と速度 v の積で表す．

角運動量 $L = rmv$

物体の回転の強さ，勢いを表す量．回転運動は，質量 m，回転半径 r，回転速度 v がそれぞれ大きいほど勢いがある．

電子のエネルギー

電子のエネルギー E は，運動エネルギーと位置エネルギーの和である．さらに式 (5.7) で v を消すと，

$$E = \frac{1}{2}mv^2 - \frac{e_2}{4\pi\varepsilon_0} \cdot \frac{e^2}{r}$$

$$= -\frac{e_2}{8\pi\varepsilon_0 r}$$

となる．これに式 (5.8) を代入すると式 (5.9) になる．

5.2 節のキーワード

☐ 電子の粒子性と波動性　☐ プランクの量子仮説　☐ 光子
☐ エネルギー準位　　　　☐ $h\nu = E_{n'} - E_n$

5.2 節のまとめ

① 光は粒の性質と波の性質の両方をあわせもつことを説明できる．
② 水素原子のエネルギー準位に対応した光が放出されたり吸収されることを説明できる．

5.3 量子力学の基礎

　1920年代の初期の理論物理学には，特に問題になることがらが2つあった．その1つは，光が波であるか粒子であるかの論争であった．もう1つは，量子化されたエネルギーの問題を，後付けの形でニュートン力学によって説明しなければならないという問題であった．波動と粒子の論争を解決するとともに，何かもっと基本的な原理の必然的結果として，量子化されたエネルギーの考えを導き出し得るような，新しい力学を開発する必要があった．その突破口になったのが，次に述べる物質波の考え方である．

5.3.1　電子は粒の他に波の性質もあわせもつ（ド・ブロイの物質波）

　1923年，ド・ブロイは，光に粒子性があるなら逆に粒子にも波動性があってよいではないかと考えた．この時点では，実験的な後ろ楯もなく，純粋に理論的な試みであった．これによれば，運動量 p で運動している粒子には，

$$\lambda = h/p \tag{5.10}$$

で与えられる波動としての性質があり，身の回りで運動している粒子に波動性が見られないのは，式 (5.10) から求まる波長が短すぎて観測できないからと理由づけた．そして，粒子も波動として振る舞う以上，光同様に干渉が起こるはずであると主張した．
　一般に，波に特徴的な性質は，第3章でも述べたように，隙間があったときにその後ろ側に回り込む回折と，同じ波長の波がぶつかったときの重ね合わせによ

第5章 電子と光

ブラッグ反射
規則正しく原子や分子が並んでいる結晶にX線をいろいろな角度から照射すると，結晶内の原子や分子の面で反射する際に，ある角度では干渉が起こり強め合ったり弱め合ったりする現象．

定常状態
量子力学で，ある体系のエネルギーが一定に保たれている状態．

る干渉（波の強度が周期的に強くなったり弱くなったりする現象）とが知られている．1927年，デヴィソンとジャーマーは，ニッケルの単結晶に電子線を照射してその反射を調べていたとき，X線のブラッグ反射のように，強度が周期的に変化する現象を見つけた．これにより，物質である電子が，波動の性質を示すことが確認された．

また同時期に，トムソンが金属薄膜に電子線を当てたところ回折模様が得られたことからも，電子の波動性が認められるようになった．このような，電子などの粒子による波のことを**ド・ブロイ波**あるいは**物質波**と呼ぶ．また，ド・ブロイ波の描像を用いると，ボーアの量子条件は図5.9のように考えることができる．つまり，水素原子内での**定常状態**は，その軌道で電子のド・ブロイ波がちょうどうまく閉じて，定常状態をつくっていることに対応する（左図）．右図のような閉じないときには，安定な軌道とはならない．

定常波
一定の位置で振動するだけで進んでいるように見えない波．進行波とその反射波とが重なり合ったときなどにできる．ボーアモデルでは，軌道上を進んできたド・ブロイ波が前のド・ブロイ波に重なっている場合である．

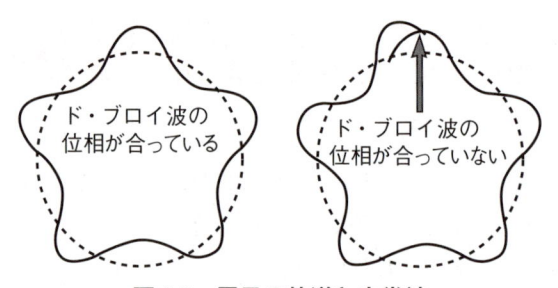

図5.9 電子の軌道と定常波

ド・ブロイによる物質波（どんな物体も波と粒子の二重性を示す）は，今日では次のように解釈されている．波動と粒子とは相いれない性質ではない．われわれは原子系のふるまいを述べるときに，巨視的世界を記述するための波動や粒子といった言葉を使用する．しかし，原子系のふるまいのあらゆる性質をこれらの言葉の一方だけで記述できる保障はない．それゆえ，電子や光子が何者であるにせよ，それらに二重性があることを，事実としてそのまま認めねばならない．ある種の実験では波動性の方が強く現れ，ほかの実験では粒子性の方が強く現れる．

◆確認問題

速度 30 m s^{-1} で飛んでいる 20 g のゴルフボールのド・ブロイ波の波長はいくらか．これは，$\lambda = h/p = h/mv$ を用いて計算できる．

◆解答と解説

1.1×10^{-33} m

ゴルフボールに比べて波長がとても小さいので，我々には振動しているように見えない．

5.3.2 シュレーディンガー方程式

1926年，シュレーディンガーが別な見方でミクロな世界を記述する試みを行った．彼はミクロの世界に登場するド・ブロイ波に着目し，すでに広く知られていた波動方程式と融合させて，

$$-\frac{\hbar^2}{2m}\frac{d^2\psi(x)}{dx^2} + U(x)\psi(x) = E\psi(x) \tag{5.11}$$

を得た．この式は，x軸方向だけについての式であるが，基本的に空間全体に関するものと同じである．ここで，粒子の質量をm，力学的エネルギーをE，位置エネルギー（ポテンシャルエネルギーともいう）をUとする．ただし，$\hbar = h/2\pi$であり，量子力学ではhより頻繁に登場し，これをプランク定数と呼ぶこともある．式（5.11）はプランク定数hを含み，ド・ブロイ波の条件を加味した波動方程式で，シュレーディンガー方程式と呼ばれている．ψはこの方程式の解で，ド・ブロイ波の振幅を与える．一般に式（5.11）の解を波動関数と呼んでいる．古典的な粒子の波動性は，波動関数$\psi(x)$で表されるが，その時間変化も含んだ$\psi(x, t)$も同様に波動関数と呼ばれる．このシュレーディンガーによる波動をベースにした体系は波動力学と呼ばれた．

シュレーディンガー方程式により，位置エネルギー$U(x)$を与えて式5.11を微分方程式として解けば（つまり，この微分方程式を満たす$\psi(x)$を求めれば），そのような位置エネルギーをもつ粒子の波動としての振る舞いがわかるようになった．この時点で波動関数が物理的実体なのか理解されていなかったが，とりあえず，波動関数とエネルギー準位E_nが求められるようになった．

シュレーディンガー方程式の使い方の例として，位置エネルギーUが0の場合（$U = 0$），すなわち，粒子が全く制限を受けず，自由に運動している場合について考えてみる．

解の1つは，波長λの正弦波である．

$$\psi(x) = \sin((2\pi/\lambda)\cdot x)$$

$\psi(x)$をxについて微分を2回行うと，

$$d^2\psi(x)/dx^2 = -(2\pi/\lambda)^2 \sin((2\pi/\lambda)\cdot x) = -(2\pi/\lambda)^2 \cdot \psi(x)$$

これを$U(x) = 0$とともに式（5.11）に代入すると，

$$(\hbar^2/2m)\cdot(2\pi/\lambda)^2 \cdot \psi(x) = E\cdot\psi(x)$$

となり，$\psi(x)$がこの方程式の解であることがわかる．また，この粒子の力学的エネルギーEは，

$$E = (h^2/2m) \cdot (2\pi/\lambda)^2 = (1/2m) \cdot (h^2/4\pi^2) \cdot (4\pi^2/\lambda^2)$$
$$= (1/2m) \cdot (h^2/\lambda^2)$$

となる．E は運動エネルギーと位置エネルギーの和である．位置エネルギーが 0 であることから，E は運動エネルギーに等しい．速度を v，運動量を p とすれば，

$$(1/2)mv^2 = p^2/2m = (1/2m) \cdot (h^2/\lambda^2)$$

という関係が得られる．したがって，

$$p = h/\lambda \quad \text{すなわち} \quad \lambda = h/p$$

であり，ド・ブロイの式と一致し，物質波の考え方と対応していることが確認できる（もう 1 つ $p = -h/\lambda$ も考えられるが，これは運動の方向が逆向きであることを示しているだけで，内容は前述の場合と同じである）．

シュレーディンガー方程式の解は無数に存在し，上の例では $\psi(x) = a \cdot \sin(b \cdot x)$（$a, b$ は任意の定数）である．$\psi(x)$ が物理的に意味をもつためには，**境界条件**と呼ばれる条件を満たさなければならない．自由電子のような拘束のない電子では，まだ量子化学の特徴であるエネルギーの量子化（**とびとびの値**をもつこと）は現れない．電子のエネルギーがとびとびの値をとるためには，電子が原子内のような限られた空間で原子核からクーロン力の拘束を受け，ド・ブロイ波が定常状態をとる必要がある．これについては，水素原子への応用のところで述べる．

5.3.3　量子力学では電子の位置を確率で考える

もともと波動関数は，ド・ブロイが理論的に導入したド・ブロイ波であり，その振幅を表すものの，物理的に実体があるかどうかはよくわからなかった．

ボルンは粒子の散乱問題に波動力学を適用し，1 個の粒子の波動関数 $\psi(x, t)$ が得られたとき，時刻 t で位置 x の近傍の微小領域 dx の中にその粒子がある確率は，

$$|\psi(x, t)|^2 dx \tag{5.12}$$

で与えられることを示した．

5.3.4　不確定性原理（波の性質が現れたときの粒子のふるまい方）

1927 年，ハイゼンベルクが**不確定性原理**を提唱した．これは，式（5.13）で表される関係をさす．

$$\Delta x \Delta p \gtrsim h \tag{5.13}$$

ここで，Δx は位置の不確実さ，Δp は運動量の不確実さである．

通常，位置や速度という言葉は，巨視的粒子のふるまいを記述するために使われている．この言葉を，原子より小さくて波動性をもっているような粒子（例，電子）に使う場合，どのような制限があるかを考えてみる．

光を用いて電子の位置をつきとめようとする場合，光学の一般原理によれば，用いた光の波長 $\pm \lambda$ よりもずっと正確に電子を解像すること，すなわち位置づけることはできない（λ をできるだけ小さくすれば，原理的には電子の位置をより正確に決めることが可能である．この場合，光子の運動量が波長に反比例して大きくなる）．一方，光子によって電子の位置を決めようとすると，どうしても両者を衝突させねばならないので，光子の運動量 $p = h/\lambda$ のある不確定部分が電子に移されることになる．つまり，電子の位置が $\pm \lambda$ の範囲内でつきとめられたとすると（$\Delta x \approx \lambda$），その結果生じる電子の運動量の不確実さはほぼ $\Delta p \approx h/\lambda$ となる．これら2つの不確実さの積は，

$$\Delta p \Delta x = (h/\lambda)\lambda = h$$

となり，荒っぽいながらハイゼンベルクの不確定性原理が誘導される．正確には，$\Delta p \Delta x \geq (1/2)\hbar$ となる．この原理は，粒子の位置と運動量とを同時に決定するときの正確さには限界があることを述べたものである．

ミクロの世界の基礎方程式であるシュレーディンガー方程式を解いて得られるのは，波動関数のふるまいである．ボルンの確率解釈からわかるように，波動関数はその粒子の位置を確率的に表現することになる．**不確定性原理は，量子力学を特徴づける重要な関係であり，あらゆるものが粒子性と波動性の両方の性質をもっていることに由来する．**特に，電子のように質量の小さな粒子では，それが大きく現れる．

5.3.5 シュレーディンガー方程式を用いて水素原子内の電子の波動関数を求める

量子力学では，シュレーディンガー方程式を立て，それを与えられた条件のもとに解いて波動関数とエネルギー準位を得るというのが一般的な流れである．しかし，シュレーディンガー方程式が厳密に解ける場合は，ごく限られた場合しかない．水素原子は，その限られた解ける系の1つである．水素分子になると，水素原子が2つ結合しただけの系であるが，もはや厳密に解くことは不可能となる．ここでは，水素原子内の電子の波動関数とそれを解く過程で導入される各種量子数について説明する．

原子内での電子のポテンシャルエネルギー U は，

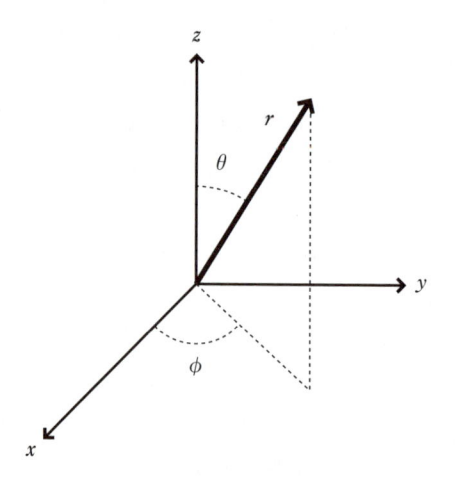

図 5.10　極座標

極座標

ここでは極座標の1つである球面座標系を使う．空間のある1点の位置を定点（原点）からの距離 r と z 軸からの角度 θ，x 軸からの角度 ϕ の3要素 (r, θ, ϕ) で示した座標．直交座標 (x, y, z) と極座標 (r, θ, ϕ) との対応は以下の通り．

$x = r \sin\theta \cos\phi$
$y = r \sin\theta \sin\phi$
$z = r \cos\theta$

$$U(r) = -\frac{1}{4\pi\varepsilon_0}\frac{e^2}{r} \tag{5.14}$$

である．この問題を考える場合，空間は3次元であり，ポテンシャルエネルギーは r にしかよらないので球対称である．したがって，式(5.11)の空間微分の部分は，3次元であることから，

$$-\frac{\hbar^2}{2m}\frac{d^2\psi}{dx^2} \rightarrow -\frac{\hbar^2}{2m}\left(\frac{\partial^2\psi}{\partial x^2}+\frac{\partial^2\psi}{\partial y^2}+\frac{\partial^2\psi}{\partial z^2}\right) \tag{5.15}$$

と置き換え，さらに球対称であることから直交座標を極座標（図5.10）に変換して書き下すと，水素原子のシュレーディンガー方程式は，

$$\left[-\frac{\hbar^2}{2m}\left(\frac{1}{r^2}\frac{\partial}{\partial r}\left(r^2\frac{\partial}{\partial r}\right)+\frac{1}{r^2\sin\theta}\frac{\partial}{\partial\theta}\left(\sin\theta\frac{\partial}{\partial\theta}\right)+\frac{1}{r^2\sin^2\theta}\frac{\partial^2}{\partial\phi^2}\right)\right.$$
$$\left.-\frac{1}{4\pi\varepsilon_0}\frac{e^2}{r}\right]\psi(r,\theta,\phi)=E\psi(r,\theta,\phi) \tag{5.16}$$

となる．この方程式を解けば固有関数，すなわち波動関数が得られ，それらは軌道 orbital と呼ばれる．この方程式を解くことは本書の範囲を超えるので，興味のある方は成書を参考にしてほしい．結果だけを述べると，波動関数 $\psi(r, \theta, \phi)$ は次のように r のみの関数である動径部分 $R(r)$ と，θ と ϕ の関数である角度成分 $X(\theta, \phi)$ の積（つまり，因数分解）として表すことができる．

$$\psi(r, \theta, \phi) = R(r)X(\theta, \phi) \tag{5.17}$$

動径部分と角度成分の解を表5.1に示した．解の式を詳しく理解する必要はなく，後述する軌道が，このような道筋を通して得られていることを確認してほしい．

動径部分は量子数 n と l によって規定され，角度部分は l と m_l によって規定される．この3つの整数（**主量子数 n，方位量子数 l，磁気量子数 m_l**）が現れる

表 5.1　水素原子の波動関数の角部分と動径部分

角部分 $X(\theta, \phi)$	動径部分 $R_{n,l}(r)$
$X(s) = \left(\dfrac{1}{4\pi}\right)^{1/2}$	$R(1s) = 2\left(\dfrac{Z}{a_0}\right)^{3/2} e^{-\sigma/2}$
$X(p_x) = \left(\dfrac{3}{4\pi}\right)^{1/2} \sin\theta \cos\phi$	$R(2s) = \dfrac{1}{2\sqrt{2}}\left(\dfrac{Z}{a_0}\right)^{3/2}(2-\sigma)e^{-\sigma/2}$
$X(p_y) = \left(\dfrac{3}{4\pi}\right)^{1/2} \sin\theta \sin\phi$	$R(2p) = \dfrac{1}{2\sqrt{6}}\left(\dfrac{Z}{a_0}\right)^{3/2} \sigma e^{-\sigma/2}$
$X(p_z) = \left(\dfrac{3}{4\pi}\right)^{1/2} \cos\phi$	

$$\sigma = \dfrac{2Zr}{na_0},\ a_0 \text{ はボーア半径}\left(a_0 = \dfrac{\varepsilon_0 h^2}{\pi m Z e^2}\right)$$

(塩見賢吾ら訳(1973)　メイアン大学の化学　第2版［II］, p.459, 廣川書店)

表 5.2　量子数とオービタル

n	l	軌道	m_l	m_s	組合せの数
1	0	$1s$	0	$+\dfrac{1}{2}, -\dfrac{1}{2}$	2
2	0	$2s$	0	$+\dfrac{1}{2}, -\dfrac{1}{2}$	2 ⎫ 8
2	1	$2p$	+1, 0, -1	$+\dfrac{1}{2}, -\dfrac{1}{2}$	6 ⎭
3	0	$3s$	0	$+\dfrac{1}{2}, -\dfrac{1}{2}$	2 ⎫
3	1	$3p$	+1, 0, -1	$+\dfrac{1}{2}, -\dfrac{1}{2}$	6 ⎬ 18
3	2	$3d$	+2, +1, 0, -1, -2	$+\dfrac{1}{2}, -\dfrac{1}{2}$	10 ⎭
4	0	$4s$	0	$+\dfrac{1}{2}, -\dfrac{1}{2}$	2 ⎫
4	1	$4p$	+1, 0, -1	$+\dfrac{1}{2}, -\dfrac{1}{2}$	6 ⎬ 32
4	2	$4d$	+2, +1, 0, -1, -2	$+\dfrac{1}{2}, -\dfrac{1}{2}$	10
4	3	$4f$	+3, +2, +1, 0, -1, -2, -3	$+\dfrac{1}{2}, -\dfrac{1}{2}$	14 ⎭

(塩見賢吾ら訳(1973)　メイアン大学の化学　第2版［II］, p.456, 廣川書店)

のは，微分方程式を解くに当たって次の3つの**境界条件**があるためである．ここでは，整数が波動方程式に入ってくるため，量子化学特有の**とびとびの値**が現れることに注意してほしい．

(1) 波動関数が無限大になってはならない．
(2) θが南北方向に回るとき2周目が最初の1周目の値と重なること．
(3) ϕが赤道方向に回るとき2周目が最初の1周目の値と重なること．

以上のことをまとめると，水素原子内の電子の波動関数は，3種類の整数 n, l,

境界条件
シュレーディンガー方程式は微分方程式であるので，解は任意の積分定数をもつため無数に存在する．その無数の解から意味のある解だけを求めるための条件が境界条件である．

m_l によって解が指定され，$\psi_{n,l,m_l}(r, \theta, \phi)$ と表される．

主量子数　　　　$n = 1, 2, 3, \cdots\cdots$
方位量子数　　　$l = 0, 1, 2, \cdots\cdots, n-1$
磁気量子数　　　$m_l = 0, \pm 1, \pm 2, \cdots\cdots, \pm l$

このほかに，実際の電子の状態を決めるものとして**スピン量子数 $m_s = \pm 1/2$** がある．

　主量子数 n は，波動関数（軌道）の広がりとエネルギーを決める．方位量子数 l は，軌道角運動量量子数とも呼ばれ，波動関数の方向および電子が原子核の周囲を回転する際の角運動量を決める．磁気量子数 m_l は，電子が原子核を中心とした回転運動をすることによって生じる磁気的な影響（磁気モーメントという）の目安で，角運動量成分を規定する．

　これらの値は，前述のまとめに示した関係にある．例えば，$n = 2$ の場合には $l = 0, 1$ であり，$l = 0$ に対応して $m_l = 0$，$l = 1$ に対応して $m_l = -1, 0, +1$ の4つの組合せが可能である．一般に，n^2 個の軌道があり，これらのエネルギー準位は同じで，同じ殻に属している．この殻は，$n = 1, 2, 3, 4, \cdots\cdots$ に対応して，**K殻，L殻，M殻，N殻**，……と呼ばれている．また，n が同じで l が異なる n 個の軌道の組を副殻という．$l = 0, 1, 2, 3, \cdots\cdots$ に対応して **s 軌道，p 軌道，d 軌道，f 軌道**と呼ぶ．この対応を表5.2にまとめてある．これを使うと，波動関数 ψ の添字に整数が3個並ぶ紛らわしさを避けることができる．

5.3.6　波動関数の形状

　この節は本書の範囲を超えている部分があるので，ポイントだけ読み，あとは飛ばしてもらっても構わない．

ポイント
・シュレーディンガー方程式を解く過程で軌道を表す波動関数とそのエネルギーが求められる．
・波動関数から軌道の広がりと形がわかる．
・電子が最も多く見いだされる確率の高いところ（一般に軌道と呼ばれ，**電子雲**の濃い部分）は波動関数の二乗から知ることができる．

　水素原子中の電子の波動関数（軌道）を表5.1にまとめてある．この中で，最も簡単な $n = 1$ の場合（1s軌道）を例にして，軌道の形を考える．このときは，l, m_l ともに0の解だけが存在し，波動関数が大変簡単になる．$Z = 1$ として整理して書くと，

$$\psi_{1s} = \psi_{1,0,0} = R(1s) \cdot X(s) = \left(\frac{1}{\pi}\right)^{1/2} \left(\frac{Z}{a_0}\right)^{3/2} e^{-\sigma/2}$$

$$= \frac{1}{\sqrt{\pi a_0^3}} e^{-r/a_0} \tag{5.18}$$

となる．ここで，r は原子核から電子までの距離（半径），a_0 はボーア半径である．

この波動関数は，a_0 が定数になるので，r が大きくなるとともに単調に減少していく．また，この波動関数は角度に依存していないので，球形をしている．

次に，電子が球面状のどこで最も高い確率で見いだされるかを考える．前述したように，1個の粒子の波動関数 $\psi(x, t)$ が得られたとき，時刻 t で位置 x の近傍の微小領域 dx の中にその粒子がある確率は，

$$|\psi(x, t)|^2 dx \tag{5.19}$$

で与えられることを示した．これを極座標に書き直すと原子核の位置を中心にして半径 r と $r + dr$ の球面殻内の存在確率を求めることになる．それは，

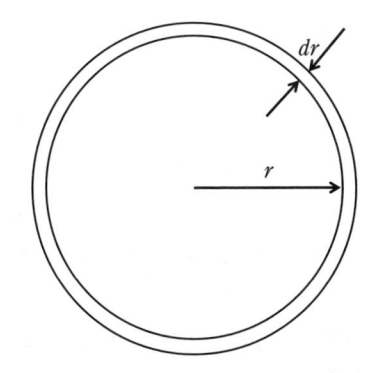

図5.11　半径 r と $r + dr$ の球面殻

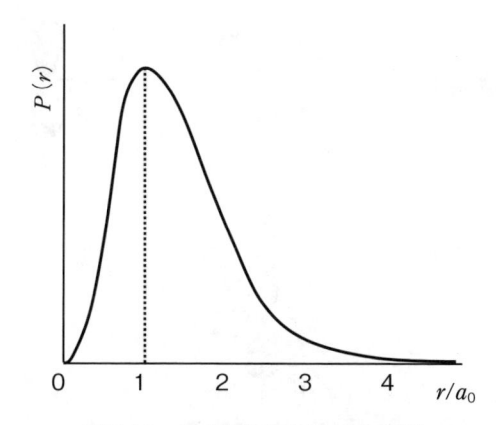

図5.12　1s 軌道の動径分布関数

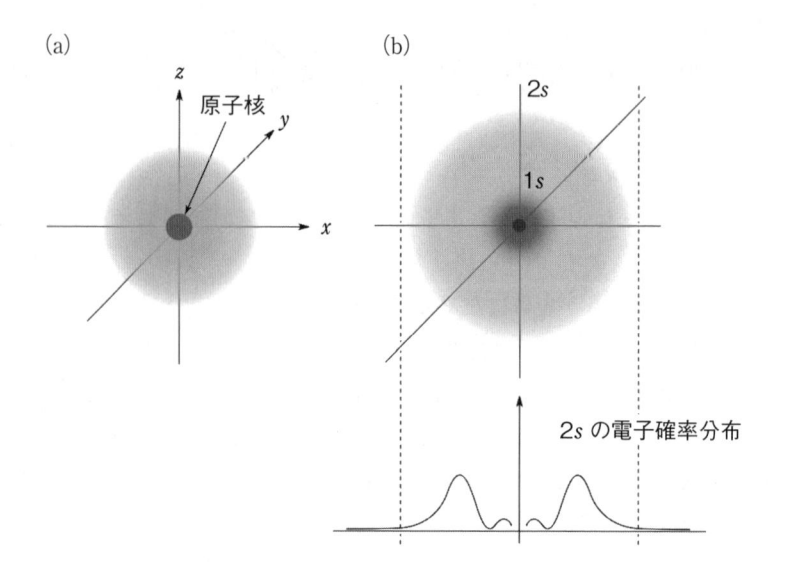

図 5.13　1s 軌道の広がり(a)と 2s 軌道の広がりと電子の確率分布(b)

$$4\pi r^2 \psi^2 dr = P(r)dr \tag{5.20}$$

で与えられ，この $P(r)$ を動径分布関数という．

$\psi = \psi_{1,0,0}$ として $P(r)$ を求め，さらに r で微分して 0 と置けば，$P(r)$ が極大値になる r を求めることができる．この解は $r = a_0$ であり，ボーア半径のところで最大になる．そのため，1s 軌道ではその部分の電子雲を濃くしたように描かれる．

$n = 2$ の場合は，$l = 0$ の 2s 軌道と $l = 1$ の 2p 軌道（3 個）が存在する．同様の手順を踏んでいけば，軌道の形を描くことができる．ここでは，煩雑さを避けるために結果のみを図 5.13(b)，5.14 に示す．2s 軌道は 1s 同様，球形をしてお

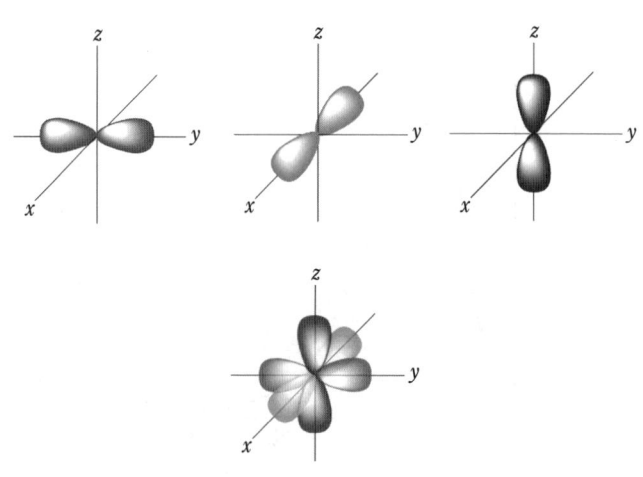

図 5.14　p 軌道の形と方向性

り，$r = 0$ の他に動径分布関数が 0 になる領域（節面という）が 1 つある．$2p$ 軌道は 8 の字形をしており，原子核の部分が節面になる．m_l が 3 種類あることに対応して，それぞれ x 軸，y 軸，z 軸の 3 方向に広がる軌道がある．

5.3 節のキーワード

☐ 量子力学　　　　☐ ド・ブロイの物質波　　☐ 波動関数
☐ 不確定性原理　　☐ エネルギー準位　　　　☐ とびとびの値
☐ 境界条件　　　　☐ 量子数　　　　　　　　☐ 軌道（オービタル）

5.3 節のまとめ

① 電子は粒の性質と波の性質の両方をあわせもつことを説明できる．
② 量子化学は電子の波動性をもとにしていることを説明できる．
③ 原子中の電子のエネルギー準位と形が波動関数（シュレーディンガー方程式の解）によって解釈できることを大まかに説明できる．
④ 原子中の電子のエネルギー準位がとびとびの値になることを説明できる．
⑤ 原子中の電子の軌道（s 軌道，p 軌道など）を主量子数，方位量子数，磁気量子数と対応させながら説明できる．

5.4 章末問題

問1 光の光子エネルギーは $E = h\nu$ によって振動数から計算できる．赤色の発光ダイオード（LED）の光の波長は 650 nm である．この光子 1 mol 当たりのエネルギーを kJ 単位で求めよ．ただし，$h = 6.63 \times 10^{-34}$ J s，$c = 3.00 \times 10^8$ m s^{-1}，アボガドロ定数 $N_A = 6.02 \times 10^{23}$ mol^{-1} とする．

問2 電子のような粒子でも波の性質を持ち，その波をド・ブロイ波という．次の系のド・ブロイ波の波長を計算せよ．
a 速度 10 m s^{-1} のゆっくり動いている電子
b 速度 2.2×10^6 m s^{-1} の高速で動いている電子

問3 次の文の正誤を判定せよ．
a 不確定性原理によれば，電子の位置と運動量を同時に正確に決定できない．
b 波動方程式を解いて得られる波動関数 ψ は電子の存在状態を表し，ψ^2 は電子が空間中にどのように分布して存在するかの確率的な情報を与える．
c 水素原子の電子エネルギーは主量子数が増えるにつれて大きくなり，最終的に無限大になる．
d $2p$ 軌道は主量子数2，方位量子数2であり，磁気量子数の値に応じて5つの軌道を含む．

問4 次の文の（ア）〜（ス）に適切な語句を入れよ．
電子の存在状態は量子数で指定される．水素原子では（ア）量子数 n，（イ）量子数 l，（ウ）量子数 m_l によって軌道運動の状態が決まる．n は電子のエネルギー状態や軌道の（エ）を，l は主に軌道の（オ）を，m_l は主に軌道の（カ）を決める．このほかに，電子スピンの違いを表す（キ）量子数 m_s がある．$n = 1, 2, 3, \cdots$ に対応して，それぞれ（ク）殻，（ケ）殻，（コ）殻，…と呼ばれ，$l = 0, 1, 2, \cdots$ に対応してそれぞれ（サ）軌道，（シ）軌道，（ス）軌道，…と呼ばれる．

解答と解説

問1 184 kJ mol^{-1}

光子1個当たりのエネルギーは，
$$E = h\nu = hc/\lambda$$
$$= (6.63 \times 10^{-34} \text{ J s}) \times (3.00 \times 10^8 \text{ m s}^{-1}) \div (650 \times 10^{-9} \text{ m})$$
$$= 3.06 \times 10^{-19} \text{ J}$$

である．光子1 mol 当たりに直すにはアボガドロ定数 N_A をかけて，
$$3.06 \times 10^{-19} \text{ J} \times 6.02 \times 10^{23} \text{ mol}^{-1} = 1.84 \times 10^5 \text{ J mol}^{-1} = 184 \text{ kJ mol}^{-1}$$

となる．

問2 ド・ブロイの式 $\lambda = h/p = h/mv$ を用いて計算できる.

a　$\lambda = (6.63 \times 10^{-34} \text{ J s}) \div \{(9.11 \times 10^{-31} \text{ kg}) \times (10 \text{ m s}^{-1})\} = 7.3 \times 10^{-5} \text{ m}$

b　$\lambda = (6.63 \times 10^{-34} \text{ J s}) \div \{(9.11 \times 10^{-31} \text{ kg}) \times (2.2 \times 10^{6} \text{ m s}^{-1})\} = 331 \times 10^{-12} \text{ m}$
　　　$= 331 \text{ pm}$

bのように高速で動く電子は，原子の大きさと同じくらいの波長のド・ブロイ波をもっている．

問3　a 正　　b 正　　c 誤，0に収束する．
　　　d 誤，方位量子数は1，磁気量子数の値に応じて3つの軌道を含む．

問4　(ア) 主　　(イ) 方位　　(ウ) 磁気　　(エ) 大きさ
　　　(オ) 形　　(カ) 向き　　(キ) スピン　　(ク) K
　　　(ケ) L　　(コ) M　　(サ) s　　(シ) p
　　　(ス) d

日本語索引

ア

アインシュタインの光量子説　152
圧力　2, 3, 22
アトム　3
アボガドロ数　4
アルコール温度計　70
アンペア　1
アンペールの法則　130, 135
アンペール-マクスウェルの法則　136

イ

位置エネルギー　48, 50
移動距離　29

ウ

運動エネルギー　46, 50
運動の第一法則　32
運動の第三法則　32
運動の第二法則　32
運動方程式　32
運動量　54, 156
運動量保存則　54, 55

エ

エクスポーネンシャルエックス　10
エネルギー　2, 45
エネルギー準位　154
エネルギー保存則　50
エネルギー保存の法則　82
エネルギー量子　151
エルステッド　130
遠心力　40
エンタルピー　83
鉛直投げ上げ　34
円電流
　　磁場　131
エントロピー　83
f 軌道　164
L 殻　164
M 殻　164
N 殻　164
s 軌道　164
1s 軌道　165, 166
2s 軌道　166
SI 基本単位　2
SI 組立単位　2
SI 接頭語　13
X 線　97

オ

オービタル　145, 163
オーム　122
オームの法則　122
重さ　3
オングストローム　3
温度　2, 68
温度計　69

カ

回折　94
回折格子　101
回転　24
回転運動　56
回転エネルギー　56
回転数　38
回路　120
回路記号　120
回路図　120
ガウスの法則　111, 123
化学結合　54
角運動量　56, 156
核子　150
角振動数　42
角速度　39
重ね合わせの原理　91, 108
華氏温度　69
可視光線　89
加速度　2, 29
荷電粒子　105
カロリー　3, 76
干渉　92
干渉縞　100
慣性の法則　32
慣性モーメント　56
慣性力　32
カンデラ　1
γ 線　97

キ

ギガ　13
気体定数　4
気体の圧力　77
気体の状態方程式　77, 80
基底状態　154, 156
起電力　120
軌道　145, 150
　　エネルギー　150
ギブズの自由エネルギー　83
球面波　95
境界条件　160, 163
強磁性体　129
強制対流　73
極性分子　116
極板　122
キロ　13
キログラム　1

ク

空気抵抗力　38
偶力　24
屈折　93, 98
屈折角　93, 98
屈折の法則　94, 98
屈折率　94, 98
クーロン　105
クーロン定数　106
クーロンの法則　106
クーロンポテンシャル　113
クーロン力　106, 107, 109
　　ベクトル表記　107

ケ

ケルビン　1, 69
K殻　162

コ

コイル　133
光子　152
向心力　40
合成速度　26
光速　151
光電効果　151, 152
合力　18
光路差　101
国際単位系　1
古典力学　145
弧度法　11
コンデンサ　122, 123, 125
　　電場　123
　　変位電流　136

サ

差　5
　　有効数字　14
最大静止摩擦係数　20
サーミスタ　70
サーモグラフィー　70
作用　23
作用線　17
作用反作用の法則　23, 32
三角関数　11
三平方の定理　11, 12

シ

磁化　129
紫外線　97
磁化率　129
時間　2
磁気双極子　128
磁気双極子モーメント　128
磁気定数　127
磁気モーメント　131
磁極　126
磁気量　126
磁気量子数　162, 164
磁気力　126
磁気力のクーロンの法則　126
仕事　2, 45
指数関数　10
磁性体　128
自然対数　11, 73
磁束　129
磁束線　130
磁束密度　129
実在気体の状態方程式　80
質量　2
磁場　127
　　ガウスの法則　128, 135
ジーメンス　122
斜方投射　36
シャルルの法則　78, 79
周期　38, 42, 88
充電　122
自由電子　108, 119
周波数　2, 88
自由落下　33
重力　19, 33

日本語索引

重力加速度　19, 33, 47
主量子数　162, 164
ジュール　70, 75
ジュール熱　122
シュレーディンガー方程式　159
瞬間の加速度　30
瞬間の速度　28
商
　　有効数字　14
常磁性体　129
状態関数　48, 79
状態量　48, 79
常用対数　11
初期条件　9
磁力　126
磁力線　127
振動エネルギー　56
振動数　2, 42, 88, 97
振動遷移　102
振幅　42, 90

ス

水銀
　　使用制限　70
水銀温度計　70
水素原子
　　エネルギー準位　155
　　線スペクトル　153
垂直抗力　20
水平投射　35
スカラー場　109
スカラー量　12, 26, 119
ステファン–ボルツマン係数　74

スピン量子数　164

セ

正弦波　90
静電エネルギー　124
静電気力　106
静電ポテンシャル　113
静電誘導　108
正の電荷　115
正負の電荷
　　等電位線　115
積
　　有効数字　14
赤外線　97
積分　5, 7
　　計算　8
セ氏温度　68, 69
絶縁体　124
摂氏温度　3
絶対温度　69
絶対屈折率　98
絶対零度　69
節面　167
セルシウス温度　68
線スペクトル　153
全反射　99

ソ

相対屈折率　94, 98
相対速度　27
速度　2, 26, 28
素元波　95
素電荷　106

タ

大気圧　77
対数関数　10
体積　2, 3
体積膨張
　　温度依存性　70
帯電　108
対流　73
対流熱移動係数　73
楕円偏光　138
単位　2
単位記号　2
単振動　41
　　速度と加速度　43
弾性衝突　56
弾性力　21, 53

チ

力　2, 3, 17
　　合成と分解　18
　　つり合い　19
力のモーメント　2, 24
　　つり合い　25
中心力　41, 43
張力　19
直線偏光　138

テ

抵抗　121, 122
抵抗率　122
定常状態　154, 158
定常波　158

定積分　7
てこの原理　24
デシリットル　3
デルタ　5
電圧　113
電位　2, 113
電位差　113
電荷　2, 105, 123
電荷素量　106
電荷の保存則　106
電気回路　120
電気双極子　116
電気双極子モーメント　117
電気素量　106
電気抵抗　2, 122
電気定数　106
電気伝導度　122
電気容量　2, 123
電気量　2, 105
電気力線　110
電子　145, 146
　波動性　149
　粒子性　149
電子雲　164
電子遷移　102
電子体温計　70
電子のエネルギー　156
電磁波　89, 97, 137
　波長と周波数　138
電磁誘導　133, 134
点電荷　110
　クーロンポテンシャル　114
電場　110, 123
　ガウスの法則　135
電流　2, 119
電流密度　135

電力　122
d 軌道　164

ト

等加速度直線運動　31
導関数　6
透磁率　127
等速円運動　38
等速直線運動　31
導体　108
導体球
　電荷分布　112
導電率　122
動摩擦係数　20
当量　144
独立性　91
度数法　11
とびとびの値　160, 163
ド・ブロイの物質波　157
ド・ブロイ波　158
トムソンの実験　147
トムソンの装置　148
トール　3

ナ

内部エネルギー　74
長さ　2
ナノ　13
波　87, 88
　回折　94
　重ね合わせ　92
　干渉　92
　屈折　93
　反射　93

ニ

日本薬局方　67
　温度の規定　68
入射角　93, 98
ニュートン　17
ニュートンの運動の3法則　32
ニュートンの運動方程式　3, 40

ネ

熱　67, 68
熱運動　68
熱機関　80, 81
熱の仕事当量　76
熱平衡　72
熱容量　71
熱力学第0法則　73
熱力学第1法則　76, 77, 82
熱力学第2法則　82
熱量　68, 70
　単位　70
　保存　73

ハ

場　109
媒質　88
パウリの排他原理　150
波長　89, 97
パッシェン系列　153
バネ
　単振動　42
　弾性力　21

日本語索引

バネ定数　21, 53
バネの弾性エネルギー　53
波面　95
速さ　2, 26
バール　3
バルマー系列　153
反作用　23
反磁性体　129
反射の法則　93, 99
反発係数　55

ヒ

光　96, 145
　エネルギー　151
　回折　100
　干渉作用　100
　屈折　97, 98
　種類　97
　振動数　152
　反射と全反射　99
　分散　100
光ファイバー　100
ピコ　13
ピタゴラスの定理　11
非弾性衝突　56
比熱　71
微分　6
　計算　8
微分方程式　8
比誘電率　106, 107, 125
秒　1
非SI単位　3
p軌道　164, 166

フ

ファラデー　133
ファラデー定数　4, 147
ファラデーの電気分解の法則　146
ファラデーの電磁誘導の法則　134
ファラデーの法則　135
ファラド　124
ファーレンハイト　69
ファンデルワールスの状態方程式　80
不可逆変化　82
不確定性原理　160
フックの法則　21
物質波　158
物理定数　4
物理量　2, 3
不定積分　7
負の電荷　115
ブラッグ反射　158
プランク定数　4, 151
プランクの量子仮説　151
浮力　22
分極電荷　125
分子振動　54

ヘ

平均の加速度　30
平均の速さ　27
並進運動エネルギー　74
平面波　95
べき乗数　13

ヘクトパスカル　77
ベクトル
　和　12
ベクトル場　109
ベクトル量　12
変位電流　136
偏光　102, 138
変数分離　8

ホ

ボーアの仮説　156
ボーア半径　156
ボーアモデル　154
ホイヘンスの原理　95
ボイル・シャルルの法則　79
ボイルの法則　78
方位量子数　162, 164
棒磁石
　磁力線　128
　切断と磁極　127
放射　74
放射率　74
放物運動　37
ポテンシャルエネルギー　48, 52
ボルツマン定数　4

マ

マイクロ　13
マイクロ波　97
マクスウェル　134
マクスウェルの方程式　135
摩擦力　20

ミ

右ねじの法則　130
ミリ　13
ミリカンの実験　148
ミリカンの装置　149

ム

無次元　2

メ

明線　101
メガ　13
滅菌処理　80
メートル　1

モ

モル　1

ユ

有効数字　14
誘電体　124, 125
誘電分極　125
誘電率　106
誘導起電力　134
誘導電流　134

ラ

ライマン系列　153
ラジオ波　97
落下運動
　　空気抵抗がある場合　38
ランキン温度　69

リ

力学的エネルギー　50
力学的エネルギー保存則　50,
　　54
力積　54
離散スペクトル　153

理想気体　80
理想気体の状態方程式　4, 79
リットル　3
リュードベリ定数　153
量子化学　145
量子条件　156
量子数　163
量子力学　145, 157
臨界角　99

レ

励起状態　154, 156
連続スペクトル　153
レンツの法則　134

ロ

ローレンツ力　132
　　向き　132

ワ

和
　　有効数字　14

外 国 語 索 引

A

acceleration　2
Ampère's law　130

C

capacitance　2, 123
capacitor　122
charge　108
charged particle　105
conductor　108
coulomb　105
Coulomb force　106
Coulomb law　106
Coulomb potential　113
current　119
current density　135

D

dielectric　124
dielectric polarization　125
displacement current　136

E

electric charge　2, 105
electric conductivity　122
electric constant　106
electric current　2
electric dipole　116

electric dipole moment　117
electric field　110
electric line of force　110
electric potential　2, 113
electric power　122
electric resistance　2, 122
electric resistivity　122
electromagnetic induction
　133
electromagnetic wave　137
electromotive force　120
electrostatic energy　124
electrostatic force　106
electrostatic induction　108
elemental charge　106
elliptic polarization　138
energy　2

F

Faraday　133
Faraday's law of induction
　134
field　109
force　2
free electron　108, 119
frequency　2

G

Gauss's law　111

I

induced current　134
induced electromotive force
　134
insulator　124

J

Joule's heat　122

L

length　2
Lenz's law　134
linear polarization　138
Lorentz force　132

M

magnetic charge　126
magnetic constant　127
magnetic dipole　128
magnetic dipole moment　128
magnetic field　127
magnetic flux　129
magnetic flux density　129
magnetic force　126
magnetic material　128
magnetic moment　131
magnetic permeability　127
magnetic pole　126

magnetic susceptibility   129
magnetization   129
mass   2
Maxwell   134
Maxwell's equations   135
moment   2

O

Oersted   130
Ohm's law   122
orbital   145, 150

P

permittivity   106
polarization   138
polarization charge   125
potential difference   113
pressure   2

Q

quantity of electricity   105

R

relative permittivity   106
resistance   122

S

SI   1
siemens   122

T

temperature   2
time   2
Torr   3

V

velocity   2
voltage   113
volume   2

W

work   2